contents −もくじ−

933
Leonard's

Leo
OPEN

ALOHA
SALE

OPEN
Tommy Bahama
ALOHA SHIRTS

AND UP
SALE
$9.99 ~ 29

SALE
$9.99 ~ 29.99

ALOHA SHIRTS
$3.99 AND UP
29.99

OPEN
Tommy Bahama
ALOHA SHIRTS
$3.99 AND UP
ヴィンテージ
アロハシャツ

Ice Cream Bowl~$450
Sundae Shave Ice~$450
Custard Bowl~$450
Mocha Bowl~$450
SIZE:
$2.15
$2.40
$2.88
25 ¢
TOPPINGS: 50 ¢
SNOW CAP
LILIKOI CREAM
CONDENSED MILK
LI HING MUI POWDER
HERSHEY'S CHOCOLATE
Li Hing Mui Sauce
GOODIES: 50¢
VANILLA ICE CREAM
Tapioca Pearl Weekend Only
MOCHI BALLS (7 PCS)
LI HING MUI SEEDS
AZUKI BEANS
FLAVORS:
2 CHOICE OR RAINBOW
STRAWBERRY, VANILLA, BANANA
Passion-lime-cherry
EXTRA SYRUP/FLAVOR: 25¢
ORANGE CREAM
BANANA CREAM
BANANA
BUBBLE GUM
CHERRY
CHOCOLATE
COFFEE
COKE
BLUE HAWAII
GRAPE
GUAVA
COCONUT
Creamsicle
GREEN TEA
HAUPIA
LEMON
LEMON LIME
SWEET LI HING MUI
BLUE BERRY
LILIKOI(PASSION FRUIT)
LYCHEE
PINK LEMONADE
MANGO
MELONA
MILK FLAVOR
ORANGE
SOUR APPLE
PINA COLADA
PINEAPPLE
POG(passion-orange-guava)
RASPBERRY
ROOT BEER
Diet Strawberry .25
STRAWBERRY
STRAWBERRY CREAM
VANILLA
VANILLA CREAM
WATERMELON
Kiwi-Strawberry
PEACH
COME TO WAIOLA SHAVE ICE !!! "SERVING HAWAII SINCE 1940." OPEN DAILA
ORDER HERE
PICK-UP ONLY
HOW TO ORDER
CASH ONLY
NO PUBLIC RESTROOM

Kilohana Square
1016 KAPAHULU AVENUE
100
115 Kitchen Bath & Closets
120 Calvin & Susie LLC
125
130 Territorial Savings Bank
135 World of Feng Shui
140 Mr. Ojisan
145 Salon Source
150 Shibori Inc.
155 T.Fujii Japanese Antiques
160 Shangri-La Asia Antiques
165 Rainforest
170 Jun Flowers
175 Jun Flowers
180 Beauty by Yvonne
185 Sweet E's Cafe
190 South Shore Paperie
195 One Stop Grooming Shop
200 Island Realtors®
245 Healthy Living, LLC
250 State Farm Insurance
255
260 Kristin Wood
265 Mars & Venus Counseling
270 Lotus Dragon Tattoo
275 Kiss & Makeup
280 Creative Fitness
MANAGEMENT & LEASING 737-2547
15MIN.PARKING

Happpppy&Daaaaash!!!

It's a nice day♪

…………!!

Organic
Bosc Pears
Red D'Anjou Pears
Comice Pears
FARM FRESH
ACE'S FARM FRESH

CHECK OUT

ISLAND

CHECK OUT OUR
SELECTION OF
ORGANIC
PACKAGED SALADS
Sale!

!?
- SURF -
ALOHA~

HALEIW

BURGERS
SANDWICHES

ROXY

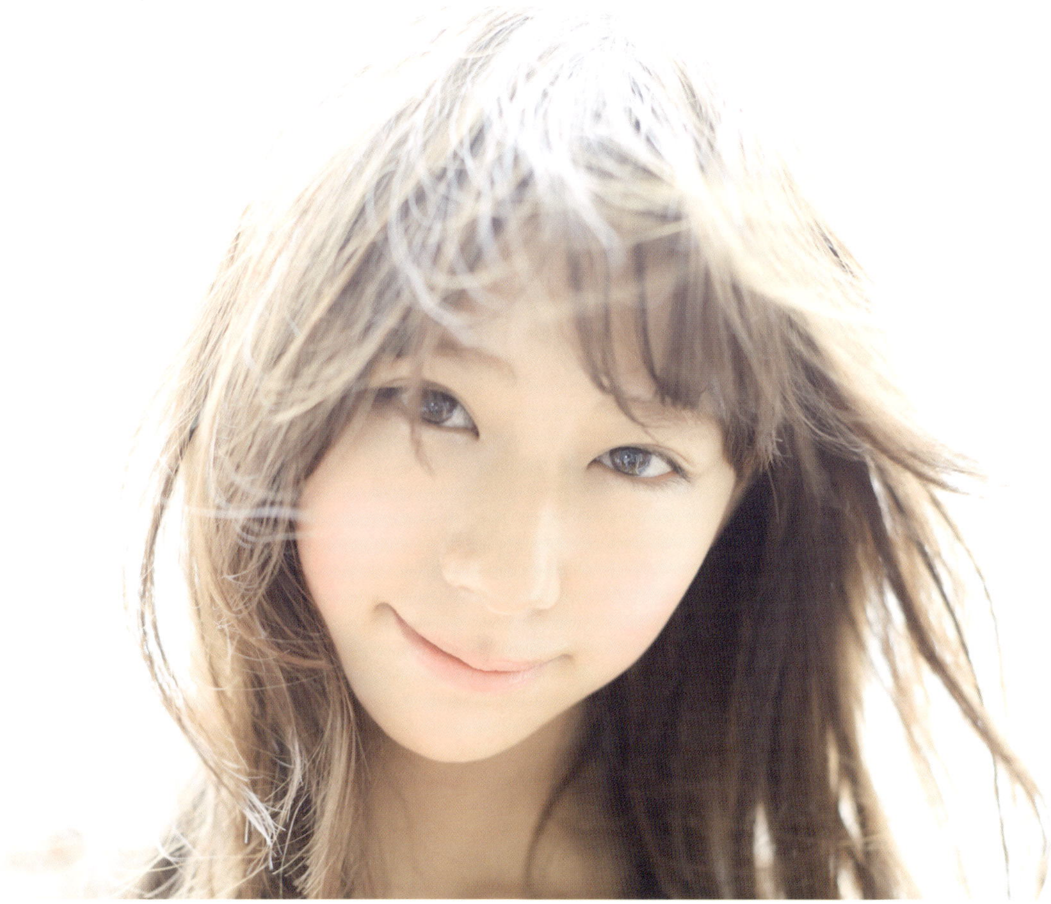

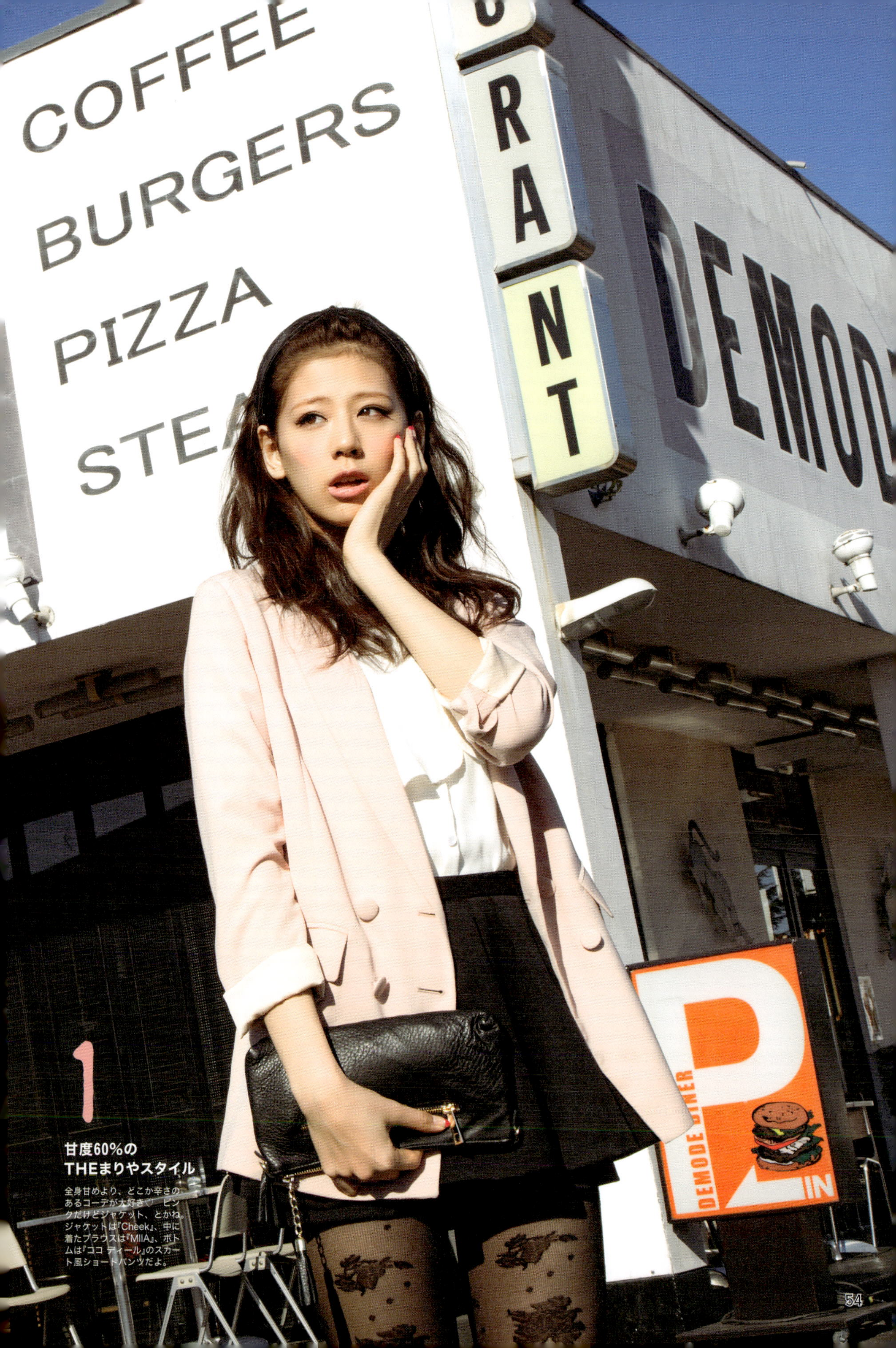

1

甘度60%の
THEまりやスタイル

全身甘めより、どこか辛さのあるコーデが大好き♡　ピンクだけどジャケット、とかね。ジャケットは『Cheek』、中に着たブラウスは『MIIA』、ボトムは『ココ ディール』のスカート風ショートパンツだよ。

まりや's

Private Style100!!

私服スタイル

ガーリーもクールもPOPもレトロも、全部着たい!!　それがまりや流オシャレの楽しみ方。最近の私服はこんな気分です。

Style1

甘辛MIXまにあ

まりやといえば、ちょっと大人な甘辛コーデ。パステルカラーに黒を投入したり、甘すぎないバランス感覚、重要です☆

2

**ゆるピタで女らしい
甘辛カジュアル**

『ジルスチュアート』の淡色もふもふゆるニットは、毎年ヘビロテ！　最近は『リーバイス』のスキニーデニムと、チラ見えゴールドがかわいい『Jemica』のぺたんこ靴を合わせてカジュアルに。

3

**とにかくラク☺
移動が多い日はコレ**

『dazzlin』のオールインワン。１枚でオシャレなうえに締めつけ感０で超絶ラク。つま先がシルバーメタルな強めヒール靴と、スタッズつきクラッチバッグで大人クール感をプラス。

4

**強めアイテムこそ
甘め服と相性◎**

薄パープルのモヘアカーデは『snidel』の。オシャレを格上げしたいときは、クセありアイテムのスパンコールショーパンをMIX。胸元にも『MIIA』のデカパールネックレスをドン！

5

**HAPPYな目玉焼き
ニットが甘さの主役**

通称〝目玉焼きニット〟は『titty&Co.』。ショート丈だから、『SPIRAL GIRL』のハイウエストパンツで脚長効果、狙ってみました。四角ネックレスで、辛さをさりげなく演出したよ。

6

トレンチ風が、ほどよい辛さ☆

かっちりさんに見える『ノミネ』のノースリーブコート。春はワンピにさらっとはおって上品に、秋は中にレザーやデニムの長袖トップスを着て異素材MIXを楽しんでる。

7

後ろ姿のオシャレ感も忘れない

みてみて～！　おしりの♡ポケットにスタッズが。こういうの、ツボすぎますっ。シンプルなガーリーコーデに、スタッズブレスでアクセントを入れるのも、まりやの定番ルール。

8

落ち着くカラーだけどなんか新鮮

レースワンピに、『ノミネ』のデニムシャツをレイヤード。そのテッパン甘辛コーデに、3～4年前に買ったフリンジっぽいベストを投入!!　ボヘミアンチックにまとまった♪

9

カッコいいヘルシーな女性がイメージ♡

ソフトレザーっぽい手ざわりがお気に入りの『snidel』のコートに、『Supreme.La.La.』の花柄トップス、『rosebullet』の黒デニムショーパンを。キャスケットは古着屋さんで。

10

ボタンを閉めてストリートっぽく♪

東京では売り切れ→福岡でゲットした『snidel』のワンピと、じつは初挑戦のスタジャンは『titty&Co.』。足元はヒールを合わせてハズします。さし色には、モヘアニット帽のラベンダーを。

11

ゆるゆるコーデで妖精気分(笑)

ヌケ感のある頑張りすぎてないぺたんこ靴×ネコ耳風ヘア×『snidel』のベージュゆるニット×『titty&Co.』の白のふんわりレーススカートコーデは、袖のレザーで辛バランス調整。

Style2 モノトーンまにあ

まりやモノトーンの条件は、♥があったり、鎖骨が見えてたり、
ふわっとしたシルエットだったり、どこかにガーリーさを入れること。

13

このカンジ、最近目覚めちゃった♡

ロング丈シャツと『ROSE BUD』のスキニーパンツ、黒エナメルの靴＆スタッズつきのチェーンバッグが、ちょっとロックな雰囲気でしょ。足首見せがオシャレ感のヒミツ。

12

黒面積少なめで♥ポケット主張

前から持ってる『MIIA』のノースリブラウスを、『titty&Co.』のボーダータイトスカートにINした、すっきりコーデ。『Deesse De』の黒ボーラー帽も、２年前から何かと重宝してる隠れスタメン。

C♡♡L

ゆる×ゆるにはヘアすっきりで

ゆる×ゆる、いいよね♡ まりやは前髪をあげて全身のバランスをよく♪ ニットは『SPIRAL GIRL』、白フリルショーパンは『titty&Co.』、ゴールドチャームブレスは連載で作ったやつだよ。

16

柄パンはモノトーンからはじめました♪

鎖骨見せ♥なペプラムニットは『ボニカドット』、柄スキニーパンツは『レファレア』でインポートもの。柄パンツもモノトーンなら、シンプルトップスで辛口に着こなしやすいのです。

15

黒ハイソがじつは大人っぽ

レザーのえりとカフスがついてる『miel crishunant』のレースワンピ、絶妙な甘辛♥ ミニワンピってニーハイやロングブーツを合わせたくなりがちだけど、あえてハイソのほうが、タイトに大人っぽく仕上がる。

14

17

まりやスタイル モノトーン版★

甘辛より、さらに辛度高め！『FREE'S MART』のジャケットは、ビッグシルエットが気に入りすぎて、柄違いも買っちゃった。白シャツも、ネコっぽいえりが好きで1年中着てるな、と。生脚でヌケ感を出したところもポイント。

18

まりや流セレブ カジュアル♪

サングラスとぺたんこブーツで、気取ってみました。スニーカーだとカジュアルになりすぎるかなと思って。切り込み入りロンTは『SPIRAL GIRL』。中にショーパンをはいて、ワンピみたいに1枚でさらっと着ちゃう。

19

**コルクのヒールに
もってかれた♥**

かかとについてるリボン、つやっとエナメルと、かさっとコルクの層がたまらないっ。『モード・エ・ジャコモ』のパンプスを目立たせたいから服の色はおさえめに大人っぽく♥です。

20 大きめリボンにキュン♥ 『Secret Magic』だよ。ぶなんに黒ソックスでもいいけど、リボンの色をひろって黒×白チェックがよいカンジ。21 カーキのパンプスは『デアディア』。ワンピ＋黒タイツに合わせることが多いかな。22 『Pure Soeur』のストラップパンプスは、これでもか！ってくらいついてる小リボンがツボ。23 ついつい欲しくなるつま先メタル。好き〜。素足でスポッとはきたい。『ノミネ』だよ。24 『titty&Co.』の。最近、ぺたんこ熱がとまらないっ。25 『BABY PURE』ので、ヒールがラメっていう隠れオシャレ。26 『ROSE BUD』で買ったエナメルのスタッズローファー。ジャンル問わず、コーデしやすすぎてヘビロテ。P101の福岡撮影でもコレはいてた。

Style3 靴まにあ

気がついたら、ぺたんこか10cm以上のヒールばっかり。
わたし、ワンポイントあるものに惹《ひ》かれます。

27

やっぱり頼れる
レザーリュック☆

お姉ちゃんからもらった『MCM』のリュック。収納力あるから、つい入れすぎちゃうのが悩み(笑)。服がラクちんコーデでもリュックがレザーだから、カジュアルになりすぎない。

Style4 バッグまにあ

基本的にフル装備でいたいから、ふだんから荷物は多いほう。
小さいバッグに憧れるけど、結局無理なんだなぁ～。

28『サマンサタバサ』のだよ。女らしい色がお気に入り。29 色が多いの、ついつい選んじゃう♪　でも意外と合わせやすい万能アイテムなのです。『キャセリーニ』だよ。30 赤系の小物は、全身黒とかモノトーンコーデのポイントとして絶対使いやすい!!　カンタンなハズ!!と、思っての挑戦です。31 夏に大活躍のカゴバッグ。これもリボンつきなの。好きすぎてごめんなさい♡ 32『MIIA』でGET。荷物多めな私のご近所バッグ。携帯、お財布、ティッシュとか必要最低限なものだけ入れてお出かけしてる。33 お誕生日にもらった『サマンサタバサ』のバッグ。これも果てしなく荷物が入っちゃう大収納系なんですね～。台本や持ち物が多いドラマの現場に、よく持っていってるかな。

帽子も含めて、顔まわりを華やかにするアレコレ、集めがち。
1つ足すだけで、ガラッと雰囲気が変わって楽しすぎる♪

Style5 アクセまにあ

Spring has come....
Do you like this style?

★HAT....♡

40	37	34
41	38	35
42	39	36

34『MIIA』の女優帽は、いつかヨーロッパ方面でデビュー予定(笑)。だって東京じゃ目立ちすぎでしょ？　35 お姉ちゃんからお下がりのファーティペット＋『aei aie』で6000円(！)だったけど一目ぼれ買いしたブローチ＝ゴージャス感UP↑　36 レディ気分♡　ピアスあけてないからイヤリングね。37『LOFT』の防寒グッズ売り場を通りすぎようとした瞬間、目が合って衝動買い。首にかけるだけでこじゃれるスヌードは便利なんだ。38 とげとげの間にパール↗って……ヤバい♥　白シャツに合わせることも多いです。39 ニット帽ブームに乗って『CA 4 LA』にて。雑誌で見たときから狙ってたの。1年中ヘビロテ。40 お姉ちゃんの韓国みやげ。ビーズとブラックストーンが半々のデザイン。41 古着屋で2000円。ボルドーって意外となんでも合わせやすい！　特にモノトーンとの相性がよし。42 買ってすぐ石がとれてショックだったえりネックレス。でも、ちょうどシャツのえりで隠れるから、気にせず使ってま～す。

49	46	43
50	47	44
51	48	45

43 少年ぽい気分になれる『override』のキャスケット。デニム素材で夏に出番多し。44 コレ、見た目よりぜんぜん軽いの。ジャケットにもワンピにも。45『CA4LA』だよ。ヘアバンドにマキシ丈ワンピでアーティストっぽくコーデ。46 原宿の雑貨屋で1000円くらいだったダテメ♥ ひょう柄っぽいフレームと、目の色に合う茶色が気に入ってます。47 ひげネックレスはシンプル服のポイントに。48 バッグの中で壊れてもいいように、と思って買ったチープリサン↗グラス。しかーし、安くて軽くて壊れにくいうえに、まったくなくさずスーパー長もち中。49『お世話や』のイヤーフックは、絶対アップスタイルで♡ 50 勇気いるなーと思った冒険アイテム・黄色のベレー帽。ゆるっとしたニットやTシャツに合わせるか、逆に派手ジャケに合わせるか、研究中。イメージは〝ちっちゃいこども〟。51 ゴロン♪ブレス。存在感あるけど、フェイクパールだから上品に使えちゃうの。4のネックレスと一緒に買ったよ。

Today's fashion

Spring

この白ジャケ＋88のシャツ＋38のごつネックレス。これに 4 のスパンコールパンツをはくこともある。

ワンピもショート丈ライダースも『snidel』。やはり甘辛LOVE♥!!

全体的に淡い色で春意識。ブラウス『snidel』、パンプス『FLAG-J』、ボトムは前から持ってて忘れた～!!

手に持ったジャケット『Cheek』、トップス＆ボトムス『titty&Co.』、靴『デアディア』!!

じつは'11年11月号の表紙と色違いのトップス。秋物だけど、春でも気にせず♥

シンプルコーデに『titty&Co.』のグリーンジャケット。この日は、STの撮影。

ガーリーモノトーン♥スニーカーで足元ハズし。ニット『ノミネ』、スカートは11と同じ♪

まにあ

アップされてる写真がかわいい♥と評判のブログ。自撮りして、加工して、春夏秋冬コツコツアップ中～(^_^)v

Summer

こちらもお気に入りのゆるカジコーデ。『MCM』のリュックにニット帽。

『mocha』のトップス&スカート。レザーミニは、チュールもMIXされてる甘めデザインがツボ。

夏は明るい色が似合う。ガーリーなワンピを着て、ブログ用私服撮影のためにお散歩(笑)。

『mocha』のワンピを1枚でさらっと。靴は21のパンプス。バッグは『サマンサタバサ』。

パリジェンヌ♪マリヤンヌ♪パリってモノトーンなイメージ。

パールのえりシャツに、グレーのスキニーパンツを合わせつつ、ヒールでカジュアル防止。

白シャツ、43のキャスケット＆94のショーパン、黒のハイカットコンバースでラフまりや。

Style6 Season

fromブログ

Autumn

『MIIA』のニットとスカート、『FREE'S MART』のベルトにドットタイツでガーリー盛り。

『rivet&surge』のボタンがたくさんついたシャツが、お気に入り。手作りなんだって☆

↗ファーが取りはずし可能なスヌードは、2重巻きもヨユウなデキるコなの♪　⬅ラメニットが秋冬っぽいかな、と。赤×緑のタイトミニに合わせたりもする。

ストールはおってベルトできゅっ♪大人カジュアルはこんなカンジ。

肩にスタッズがついた黒ニットカーデ×『FREE'S SHOP』のピンクスキニー。秋甘辛♥

モヘアの帽子にサングラス、ってバランスが好みなモノトーンコーデ。

Winter

クラシカルな雰囲気のボルドーのアウターは『MIIA』。お気に入り♪

森っぽい？　『CA4LA』のボリュームニット帽で頭からLET'S防寒☆

『ティンバーランド』のあったか靴は、お父さんからの誕生日プレゼント☆

➡冬は異素材MIXに弱い！　このアウターも袖のところで切り替えアリ。

帽子の黄色は難しいけど、コートなら1枚で成立するから意外とカンタン。

ニットは『レファレア』、スカートは『MIIA』、ブーティは3000円くらい。

前に買った『snidel』のダッフルは中がボアなの。あったかアウター代表です!!

『ジルスチュアート』の気持ちいいグリーンニットは、シンプルコーデで。

『snidel』のガウンタイプのもこもこコート。フードかぶると鬼あったかいです、本当に。

Style7

スケ♡あきまにあ

肩や背中にワンポイント欲しいとき、願いを叶《かな》えてくれるのが、どこかがスケたりあいたりしてるアイテム。見せすぎない、ってところがポイント♡

82

**露出しすぎない
優等生スケです♡**

『titty&Co.』のからし色ニットは、ハイウエストボトム（濃い色のデニムがいい！）にインするのが、まりや的ベストバランス。デニムスカートは『ボニカ ドット』だよ。

83

**ちょっぴり大胆。
でもヘルシー★**

背中あき×デニムショーパンのカジュアルコーデってヘルシーでかわいい！　ぱっくり背中があいたニットは『ラビリンス』、サイドにレースがついてるショーパンは『PINZA』。

84

**デートするなら
こんな格好で
行きたい♪**

スケてても上品なのは、丸えりやすそのひらひらが女性らしいから。シャツは『ボニカ ドット』。すっきりキレイめに着たくて、短いボトムとベージュのなじみ色ヒール靴でまとめてみました。

85

**美背中ケアも
念入りにしよっ♡**

『titty&Co.』のニット、『ラビリンス』のフリルショーパンだよ。背中にワンポイント＆リボン好きのココロを激しく揺さぶるデザインなんですよっ。正面シンプル、後ろ姿ガーリーって、モテそう。

86

**夏を彩るキレイ色は
大人おめかし**

えり下がちょこっとだけあいてる肌のチラ見せ感、大人でしょ。色がキレイで一目ぼれしたんだけど、じつはワンピではなくオールインワン。原宿のインポートショップで買ったお気に入り。

87

**赤い靴でオシャレ
お嬢様、完成**

『キメラパーク』のワンピース、こんなにスケてもエロくない♡お嬢様気分で過ごしたい日は、スカート長めなコレ１枚でOK。オシャレ感は、足元に赤を効かせて出す！　パンプスは『DaTuRa』。

88

**世界一好きな
色合わせ♡**

白×ピンク×ミントグリーンは相性◎。ソックスはあえてなしで、春っぽさと大人っぽさを際立たせてみました。レースのノースリブラウスは約3000円。レースは甘辛スタイルにも使いやすい！

Style8

ついてるまにあ

ビジューやパール、スタッズは、コーデのポイントになるし、ショップでもつい目を奪われちゃう。ていうか、単純に好き♡

93

おなじみブラウスは1年中ヘビロテ！

ブログにもたびたび登場しまくるブラウスは『MERCURYDUO』のもの。ニットとレイヤードしたり、レザースカートにINしたり、夏も日焼け防止に1枚で着たり、と年中何かと活躍。

89

アクセ代わりな、ヒロインカーデ

1枚で存在感のあるリボンつきカーデは、甘くなりすぎないようにネイビー系の花柄ワンピにON。足元は黒のショートブーツで。どっちも『Supreme.La.La.』のものだよ。リボンも花柄もLOVE。

90

ハワイのOFFタイムでも活躍★

まりやクローゼットの1軍、ビジューつきタンクトップです！ハイウエストのスカートにインしたり、⬆みたく『MIIA』のグレーファー帽子をかぶって、ボトムはスキニーパンツがテッパンかな。

91

ゆるっとリゾート気分な白コーデ

胸元に縦のビジューがないとさみし〜。てことで白×白のコーデは、ヘッドアクセやビジュー、ビビッドなチェーンポシェットで色を足して、フラットシューズでラフに仕上げるのがいいカンジ。

92

こんなまりやもアリですか？

パール＆レースの淑女なカーデは初挑戦。なので、甘めトップスにブラックボトムの甘辛コーデで安心感も欲しいな、と(笑)。さらに、フレアスカートを選んでまりやらしさもちゃっかり出した。

95

スエットパンツでこなれ感、出しちゃうよ

勇気が必要だったアイテムその2・スエットパンツ。オシャレ家着にならない法則は、ヒールを合わせること！さらに、腰巻きシャツでコーデをしめて、素敵なゆるさをキープすること！

94

ドット柄じゃなくてコンチョつきなの！

このデニムショーパン、お姉ちゃんとかぶってびっくりした逸品。合わせる靴は、濃い茶のショートブーツ、モカシン、シンプルなフラットシューズ、ビーサンあたりがトキメく！

Style9 キレイ色まにあ

季節があたたかくなるにつれて、キレイな色へのアンテナが敏感に♪　とくに淡〜いあいまいカラーは3倍速できゅん♡としちゃうまにあっぷり。

97

キラキラスカートはチラ見せのスタメン

『snidel』のセールで半額！　パーティーのときに着よう♡と思って買ったけど、そんなものはいまだにない……。むしろ、ゆるニットからチラ見せしたり、デイリーにめちゃ使えるコだった♪　ラッキー☆

96

キャップもキレイ色なスポーツMIX

雑誌で見て"かわいい！"と撃ち抜かれて買いに行った『dazzlin』のスタジャン。タイトなトップスに、ふわっと広がるシルエットのスカートを合わせたチアガールシルエットが、スタイルよく見える♪

99

ピンクのスキニーパンツは本当に使える

あー、この色合わせ、天国♡　男ウケしないだろうけど、やっぱ好き。ピンクスキニーはほどよいガーリーさをかもし出せて、本当に便利。足元は黒だと重いのでベージュが◎。

98

レモンイエローとえりつき、サイコー

胸元セクシー♡♡♡　でも、ブーツとニット帽でエロ度をおさえて、ほどよくカジュアルダウン。トップスは『ココ ディール』、ショートブーツは『BABY PURE』、ニット帽は『Jemica』。

100

☆柄×シルバーで POPまりや

淡い色とシルバー小物が結構合わせやすいってことを発見★チュールスカートは脚を閉じてればマキシっぽく見えるし、スケてると軽さも出る。全体的に浮かれたカンジが自分史上新しいかなと思っている2013年春♪

まりや顔になれる♥

Skin Care & Make-up

ちょっとメイクをするだけで、オトナ系、クール系、かわいい系
……気分がガラッと変わるから不思議♡　メイクLOVE♡♡♪

ふだん使うコスメは バニティポーチに

『LOFT』で買ったバニティポーチの中に、ふだん使いそうなコスメを収納。仕切りがたっぷりあるからキレイに整とんできて便利。

ブラシ類は『M・A・C』の ポーチにひとまとめ

〝いいブラシを使うと上手にメイクできる〟っていうけど、コレ、ホント！　お気に入りをひとつひとつ買い集めているところです。

かわいくてアガる～！ 『ジル』まにあです♡

『ジルスチュアート』のコスメは、夢いっぱい♡　機能性はもちろん、ジュエリーみたいなパッケージは見てるだけでうれしくなる！

メイクに興味を持ったのは、モデルを始めた中学生の頃。それまでスポーツ少女だった私にとって、メイクとの出会いはとっても衝撃的だった！　ちょっとリップをぬったりアイラインを引くだけで、びっくりするほどキレイになれるんだもん♡　その日のファッションと雰囲気を合わせると気分も上がるし。それからというもの、メイクさんにおすすめのコスメを教え↗てもらうのも楽しみになったよ。もっと上達したくて家でひそかに練習したことも！　メイクにちょっぴり自信が持てるようになってからは、強めのメイクにハマった時代もあったけど、今はかなりナチュラルなメイクが気分。そのほうが自分らしくいられる気がして。プライベートはほぼすっぴんで過ごせるように、スキンケアも前よりいっそう頑張るようになったよ。

本気のうるおい
補給で脱・乾燥!

Skin Care《スキンケア》

aラ・ペジブルー　ビューティーエッセンス・bラ・ペジブルー　クリアスキンローション／原宿Style　cネイチャーリパブリック スネイトックスハイドロゲルマスク／メディカライズ

1
化粧水はお肌に押し込むように

とっても乾燥肌だからメイク落とし→洗顔後のbの化粧水はたっぷりと！お肌の奥にしっかり押し込むように。

2
美容液で、お肌にたっぷり栄養を！

aの美容液をたっぷりつけ、お肌をプルプルにしたあと、乳液でうるおいをしっかり閉じ込めます。

3
関節を使ってリンパマッサージも

乳液後のお肌に、指の関節を使って軽くリンパマッサージを。あご先からこめかみへ、ギューっと流すよ。

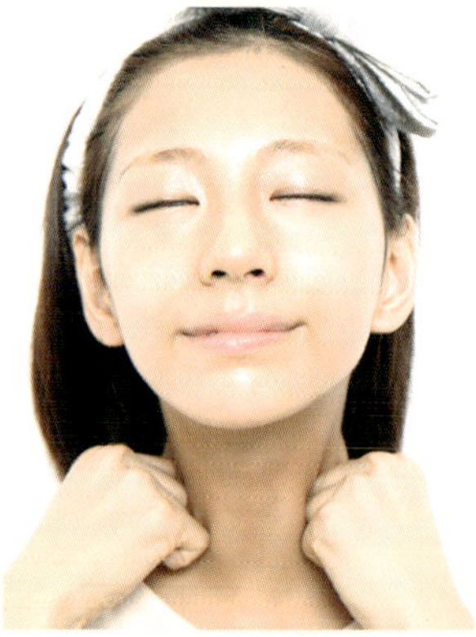

4
イタ気持ちいいくらいの力でね

今度は耳の後ろから鎖骨へリンパを流す。その日のむくみはその日のうちにケアするのがマイルールです。

イオンスチーマー×フェイスパックのスペシャルケアでお肌が元気になる♥

寝不足が続いているとき、肌の乾燥が気になる日は、cの『ネイチャーリパブリック』のパックをしつつスチーマー。このW使いでお肌が復活♪

スチーマー×パックはスキンケア前にやってるよ。パナソニック ナノケア EH-SA90／本人私物

ヘルシーな
肌づくりが目標

Base Make-up《ベースメイクアップ》

a ミシャ BBクリーム UV №23／ミシャ ジャパン b ミネラライズ ファンデーション/ルース ライト・c #187 スティプリング ブラシ／M・A・C

5 BBクリームは コンシーラー代わりに

a のBBクリームはコンシーラー風に使ってる。目の下、小鼻、口角にのせて、均一な肌色に整えるよ。

6 フェイスパウダーは ブラシでつける

b のフェイスパウダーを c のブラシで。くるくるお肌の上をすべらすようにのせると、薄づきだしツヤが出る。

うっすら陰影のある
ナチュラル系に

Eye Make-up《アイメイクアップ》

7 眉尻にまゆげを 描き足すよ

眉尻だけ b のパウダーの真ん中と濃い色を混ぜ、描き足す。カクカクした眉に見えないように注意してるよ。

a ドーリーウインク アイラッシュ（2ペア入り）№11／コージー本舗 b ケイト デザイニングアイブロウN EX-4・e ケイト スリムジェルライナーペンシル BR-1／カネボウ化粧品 c ラッシュ クイーン フェリン ブラック WP 01／ヘレナ ルビンスタイン d ジュエリッチ アイラッシュキーパー／T-Garden f ボナボチェ リキッドアイライナー ブラウン／ネイチャーラボ g #239 アイ シェーディング ブラシ／M・A・C h ヴィセ ブラキッシュ フォルミング アイズ B-2／コーセー i 資生堂アイラッシュカーラー213／資生堂

8 まぶたには うっすら陰影&輝きを

h の右上のゴールド系カラーを g のブラシで二重より広めにふんわりのせ、ニュアンスを感じさせるまぶたに。

9 ラインはブラウンなら 強く見えすぎない

f の赤み系ブラウンリキッドで目のキワに細くラインを引いたら、インラインはペンシルタイプの e で埋めるよ。

10 下まぶたにも 影を入れて優しげに

8 と同じ色を下まぶたの目尻から1/3に。デカ目度が増すし、少しタレ目に見えてかわいい♡

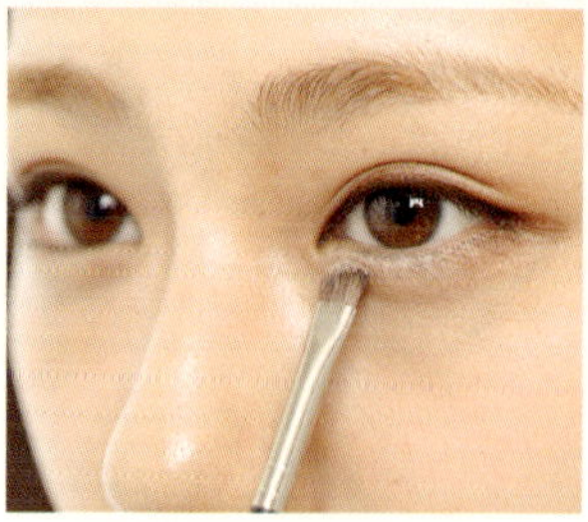

11 涙袋にハイライトカラーをON!

hのハイライトカラーもgのブラシで。目頭から黒目の下あたりまでのせると、涙袋がぷっくり見えるよ。

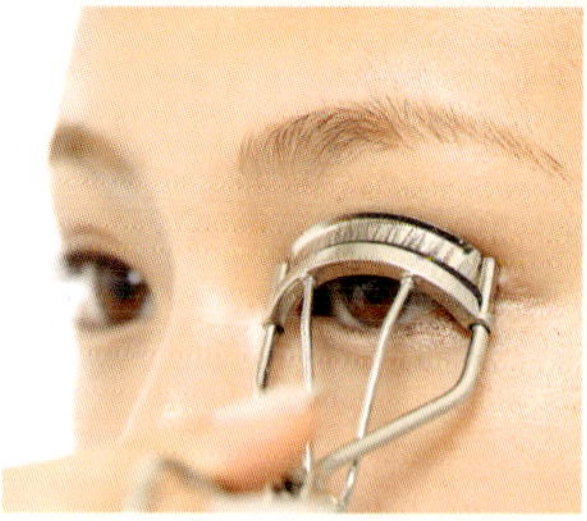

12 まつげをナチュラルにカールアップ!

ビューラーはiの資生堂が目の形に合うみたい。根元から毛先に向かって2〜3プッシュ。ナチュラルに上げる。

13 マスカラをまずは根元からひとぬり

cのマスカラを根元に平行にあて、毛先へ向かってすっとつけるよ。このマスカラはひとぬりでたっぷりつく♡

14 目尻にはさらにひとぬりして奥行き感を

cのブラシの先端を使って、今度は目尻だけに重ねづけして奥行き感を。目の横幅もワイドに見え、より猫目風。

15 ブラシの先端を使って下まつげにもマスカラを

下まつげにもcのマスカラを。再びブラシの先端でさらっと一度ぬり。これくらいナチュ仕上げでじゅうぶん。

16 つけまはフルタイプを半分にカットして

aのつけまを半分にカットして、目尻用つけまにしちゃう☆　バサバサしすぎないさりげないタイプが好き。

17 つけまの根元にのりをぬるよ

カットしたつけまの根元に、dでのりをつける。つけまは最初は難しかったけど、慣れたら苦じゃなくなった!

18 目尻につけまを下げめにつける

つけまを目尻にON。少し下げめにつけたいから、つけまの根元を綿棒でおさえ、地のまつげとなじませます。

大人クールなハネ上げネコ目ラインもスキ!!

リキッドラインで目尻をシュッと長く描くと、ネコっぽいクールEYEに。オトナっぽい雰囲気に見せたいときに、よくやるアイメイク☆　横顔がキレイに見せられるところも好き!

19 ほおの高い位置にピンクチークを

左上以外の3色を混ぜて、ほおの高いところにくるくるっとつける。一気にかわいくなるからチークってスゴイ。

20 チークをあご先にもちょこっとづけ♡

ブラシにあまったチークをあごの先にちょこっとつける。チークだけが浮かずに、顔にしっくりなじむよ。

チークはやっぱりピンクが好き♡ Cheek《チーク》

使いやすいブラシつき♪ジルスチュアート ミックスブラッシュ コンパクト N 03／ジルスチュアート ビューティ

ピンクのリップで甘かわいく Lip《リップ》

Lip's items

最近はグロスより断然リップな気分。a#318 リトラクタブル リップ ブラシ・bリップスティック サニー ソウル／M・A・C　cメイベリン リップクリーム 05 CV／メイベリン ニューヨーク

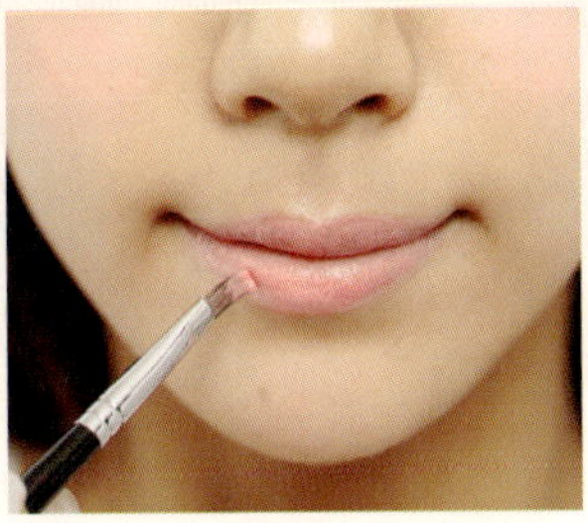

22 リップをブラシでていねいにぬります

bをaのブラシでたっぷりとぬります。ピンクの中でも、コーラルっぽい明るめカラーがかわいい！

21 リップクリームでくちびるを整える

リップクリームはいつも必ず持ってる。cはいい香りでお気に入りなんです♪リップ前にぬって保湿しておくよ。

お肌にツヤツヤな輝きを添える Highlight《ハイライト》

メイク直しはエレガンスのパウダーで

お出かけ先でベースメイクがくずれてきたら、『エレガンス』のパウダーの出番。小鼻、Tゾーンなどテカリがちな場所をおさえると、肌色が生き返るの。

エレガンス ラ プードル オートニュアンス Ⅳ／エレガンス コスメティックス

23 ハイライトをCゾーンにのせる

bのハイライトを2色混ぜて使用。aのブラシにとり、Cゾーンにのせると、顔がパッと華やかになるよ☆

Highlight's items

a#116 ブラッシュ ブラシ／M・A・C　bNARS ブラッシュ デュオ 5123／NARS JAPAN

まりやのWish list

Happyなピンクのコスメ

チーク、リップ、目元、どこか一か所でもピンク色が入ると女のコらしいムードに♡ここ最近とにかく気になってるピンクのコスメ！

aエレガンス クリーム フェイスカラー PK101／エレガンス コスメティックス　bイヴ・サンローラン ルージュ ヴォリュプテ 29／イヴ・サンローラン・ボーテ　cジルスチュアート リップジュエル 21／ジルスチュアート　ビューティ　dアナ スイ ローズ チーク カラー 300／アナ スイ コスメティックス　eシルクスムース アイシャドー(レフィル)IR 115・fプレスド アイシャドー(レフィル)G 135／シュウ ウエムラ

オーガニックのリップクリーム

最近、オーガニックコスメが気になってる！　ちまたでも話題の『トリロジー』と『Dr.ハウシュカ』のリップクリームからデビューしたいな。

(右から)Dr.ハウシュカ ラビミント リップケア／グッドホープ総研　トリロジー インテンシブ リップ トリートメント／コスメティカ パシフィック リム

M・A・C&NARSのリップスティック

オトナでアーティストっぽいムードが『M・A・C』&『NARS』を好きな理由。特にリップはときめきカラーがいっぱい。たくさん欲しい♡

どちらのブランドもテクスチャーや発色が豊富で、お気に入りが必ず見つかる！　(右から)NARS リップスティック 1073・1095／NARS JAPAN　リップスティック ピンク パール ポップ・コーラル ブリス／M・A・C

メイクが大好き! ブログでもいろんなメイクを紹介してるよ!!

「まりやちゃんのメイクを教えて！」っていう意見をたくさんもらったので、ブログでもたまに紹介してるの。ひとりで動画や写真を撮るのってかなり孤独な作業だけど(笑)、反響があるとうれしい♡

➡シャドウの入れ方を詳しく紹介したよ。

⬅まりや流、まつげメイクのやり方も！

mariya's hair arrange

まりやの基本ヘアアレ

巻いたりヘアアクセを使ったり、
ヘアアレンジ大好き。雑誌や街行く人を
眺めていつも新しいアレンジを探してる☆

twisted arrange

ねじりアレンジ

毛束のねじりアレンジは、すごくラクなのにロマンチックなイメージになれる♡　最初に髪全体を太めのコテでざっくり巻いておくと、ねじった部分の量感や厚みがいいカンジにキマる。

1 両耳の前、耳の後ろ、後頭部のセンターと計5パートに分ける。それぞれ毛先までねじる。

2 ねじった毛束が自然とおだんごになるまでくるくるねじり、低い位置でカジュアルに固定。

3 全部とめたら指先で毛束をつまみながらあえてルーズにくずす。これがオシャレ感の秘密。

4 最後にえり足のおくれ毛も、わざと引っ張り出す。キメすぎてないスタイルが狙い！

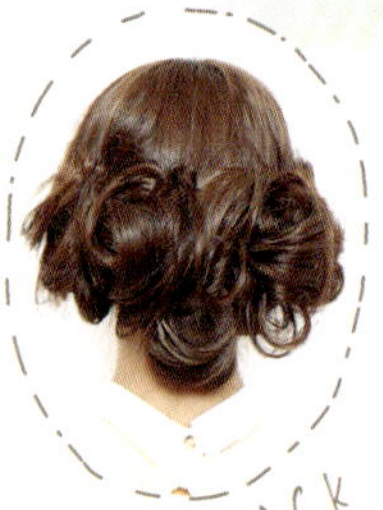

BACK

みつあみアレンジ

アレンジにみつあみを取り入れると、手がこんでる雰囲気になるところがすごく便利♪　今回はバックスタイルがポイントの、ちょっぴりフェミニンなみつあみアレンジ。

braid arrange

1 トップの髪を2つに分けてとり、それぞれ毛先までみつあみ。耳上の髪は残しておいてね。

2 みつあみを写真のように後頭部でクロスさせるよ。クロスポイントがセンターにくるように注意！

3 残しておいた耳上の髪の内側に、クロスさせたみつあみの毛先を隠すようにアメピンでとめるだけ。

BACK

SIDE

a ponytail

ポニーテール

ふだんからすごくよくするポニーテール。ササッと結んでラクなところがいい！　これもぴっちり結ばず、毛束を引き出したりして全体のシルエットをくずすとこなれて見えるよ。

顔まわりにおくれ毛を残し、ほかをポニーテールに。結び目を隠すよう毛束を巻きつけピンで固定。

髪表面を引っ張り出してルーズにくずしていくよ。前と横からのシルエットをチェックしながらね。

残しておいた顔まわりのおくれ毛を耳にかける。前から見たときに、ラフな立体感が生まれるよ。

結んだ毛束の縦のボリューム感もすごく重要！　ポニーテールの上側を引っ張って量感を出してね。

髪を左側にまとめ、編む。毛束を**A B** 2つに分け、**A**から少しつまんだ毛束を**B**とまとめる。

今度は**B**から少しつまんだ毛束を**A**とまとめる。**1**と**2**を繰り返すとフィッシュボーンに！

毛先ギリギリまで編んだらコームで逆毛を立てる。こうするとゴムで結ばなくてもとまるんだよ！

フィッシュボーン

みつあみみたいだけど、みつあみじゃない。魚の骨みたいな編み目が生まれるフィッシュボーンが新レパートリー。難しそうに見えるけど、あみこみより簡単だよ！

⬆ブログで紹介したおだんごアレンジ。前髪の表面をふわっと♪

⬆下の方でラフにまとめた大人ゆるだんご。

ミニサイズのヘアアクセはあると何かと便利☆　特にリボンはどんなアレンジにもお役立ち。

まにあ

スタイルだと思う☆　髪型がちゃんとら。そんなわけでVIVA！ ヘアアレ♡

えり足をくるっと中にまとめて、ボブ風にアレンジ。右上の写真もね。

オトナっぽく見せたいときに使うパールのバレッタ。結び目に添えるだけでエレガントに。

右のセミディ時代にやってた耳下ちびだんご。

一時期大人気だったスカーフアレンジをSTで紹介♪

ヘアアレンジにコテは必須!!『ヴィダル』を使ってるよー

どんなアレンジも巻いてからやると完成度がUP！　私は『ヴィダルサスーン』の32㎜のコテとストレートアイロンを愛用中。

Mariya is ヘアアレ

メイクも大事だけど、それ以上に大切なのがヘアしてると、きちんとオシャレしてる風に見えるか

⬆ベロアのリボンてなんかかわいい♡　⬅こんな風にみつあみアレンジで使うことが多いかな。

短い前髪ウィッグつけてみた☆

大好きなアウトバストリートメント

ベタつかないヘア用美容液『ジョヴァンニ フリッズビーゴーン スムージング ヘアセラム』です。

⬆ワンサイドヘアも、デカリボンアクセで甘盛り☆

⬆前髪は分け目を変えて楽しんでるよ。

ボーラー帽×前髪ねじりもバランス◎。

⬆シフォン素材のリボンアクセ。あったかい時期になると出番が増えるパステル系♡

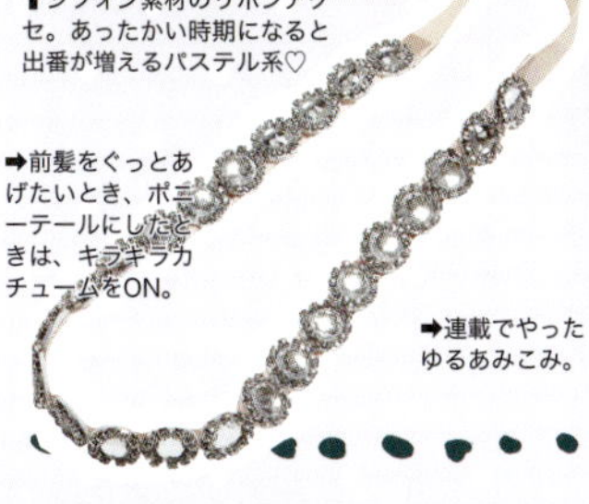

➡前髪をぐっとあげたいとき、ポニーテールにしたときは、キラキラカチュームをON。

➡連載でやったゆるあみこみ。

まりやBODYができるまで♥

自宅でやっているエクササイズやお気に入りのボディグッズ、食生活をお見せします！

バドミントンを頑張っていた時期は、体型のことなんて考えたこともなかったけど、モデルの仕事を始めてからは、ものすごーく気をつけるようになった。今までみたいに食べてたら、動かない分すぐに太っちゃうから。日課にしてるのは、まずお風呂で半身浴をしてたっぷり汗をかくこと。そのあと、簡単なエクササイズやストレッチ、リンパマッサージを。寝不足が続いているときは、特にむくみやすいから真剣に！　寝る前にその日の気分に合ったアロマキャンドルを焚《た》きながらするんだけど、この時間が実は大好き。無になれるし、疲れもむくみもリセットされるから。時間ができたらまた運動して汗をかきたいな。それで、ヘルシーなメリハリBODYを手に入れたい♡

♥BODYエクササイズ♥

忙しい毎日の中でも、時間を見つけて無理なくコツコツ続けることが、大切だよ。お部屋でカンタンにできるものばかりだけど、効く☆

小顔のヒミツは 表情筋 & リンパ流し

表情筋

リンパ流し

お風呂あがりのスキンケア後に、指の関節を使って1～5の順番で、たまったリンパをゴリゴリ流していくの。そのあと、大きく口を動かしながら「あ、い、う、え、お」。やる前より顔がスッキリ!!

毎日、続けられるヒミツは ながら

イスがあったらヒップアップのチャンス!

1 TV観ながらやってる。イスの背もたれに手をかけて片脚を前にUP。

2 そのまま、太ももとお尻のつけ根から、しっかりゆっくり後ろに引き上げる。これを10回。

イスに座りながら内ももを意識

これもTVを観ながら♪ 軽くて厚みのある本をはさんで、おとさないようにするの。電車とかでも内ももは意識!!

ゴロゴロtimeは腹筋&腰ひねり

①両脚をまっすぐ上げる。②息を吐きながらゆっくり下ろしていく。③床ギリギリのところでストップ→5秒キープ。休まず5セット。

あお向けのまま、腰を左右にひねるだけ。ウエストのサイドが伸びて、超気持ちいい～♡

美脚のヒミツは 股関節ストレッチ & コルギマッサージ

股関節ストレッチ

関節をやわらかくすると、リンパが流れて、むくみがとれやすい気がするよ。私は脚がむくみやすいから、念入りにやってるかな～。

コルギマッサージ

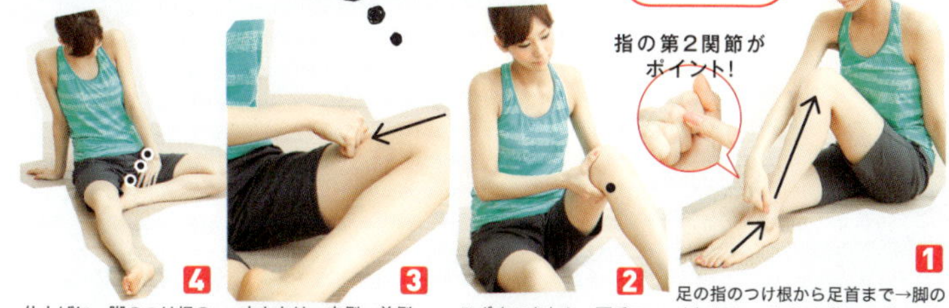

1 足の指のつけ根から足首まで→脚のすねにそって下から上に、グーッとシゲキする。手をグーにして、親指以外の4本の第2関節を使うよ。このゴツゴツが効くんです!

2 ひざまできたら、両手でひざをつかんで、裏側を指全体でほぐします。

3 太ももは、内側、前側、外側と、やっぱり下から上に、イタ気持ちいいくらいの強さでグリグリ♪

4 仕上げに、脚のつけ根のリンパを手のひらの下部分で、しっかり押していって、フィニッシュ。

♥BODYメンテナンスグッズ♥

寝る前のボディケアはこんなグッズがとってもお役立ち♡ 今のスタメンを紹介しちゃいます。

プロデュースしたマルチミスト♡

ボディ、髪などどこにでも使える。香りにこだわったよ。マヌエ フレグランスマルチミスト アネラフラワーの香り 145㎖/T-Garden

肩こり&むくみ解消グッズ

すごく肩こり性なので、お母さんが買ってきてくれたグッズ(右)を重宝してるよ。左のコロコロはミニサイズだから指にも使える!

血行促進&コリ解消! ハーブの香りのオイル

これでボディをマッサージ。ハーブの香りに癒《いや》されながらコリをほぐすよ。ヴェレダ アルニカ マッサージオイル/本人私物

お風呂の中で塩マッサージ

お風呂の中で使うボディマッサージ用のお塩。角質がとれてつるすべ肌になるし、血行もUP。わった一島の泡盛マッサージ塩/本人私物

♥1週間の食事見せて♥

じつは食べることが大好き。朝食は必ず食べて、あぶら分の多いものを控え目にするよう心がけてます。

① 撮影の日の朝。コンビニで手軽に買える具だくさんスープや春雨スープを、現場で食べたよ。

② 『大戸屋』ではヘルシーな"たっぷり野菜と海老の土鍋あんかけご飯"。

③ 安くておいしいっ! "長芋とろろと豆腐のねばねば小鉢"@『大戸屋』。大好きなの。

④ 近所の和食屋さんで、れんこんのはさみ揚げと和風オムライス。夜、お母さんと一緒に。

⑤ 冷蔵庫にあったものでササッと作ったチャーハンと肉じゃがが、この日の夜ごはん♪

⑥ 外食でピザを食べたよ。カロリーが高いものをふだんはあまり食べないけど、たまには♡

⑦ 野菜たっぷりヘルシーだんご汁。適当に具を切って煮込むだけで簡単だから、よく作るんだ。

西内まりやをテッテー調査せよ★

Q&A100!!!!!

西内まりやは容姿端麗でしっかり者!? それとも……!? 全国から寄せられた質問を名探偵(!?)・マリヤが、がっつりみっちり調べあげちゃいますっ☆

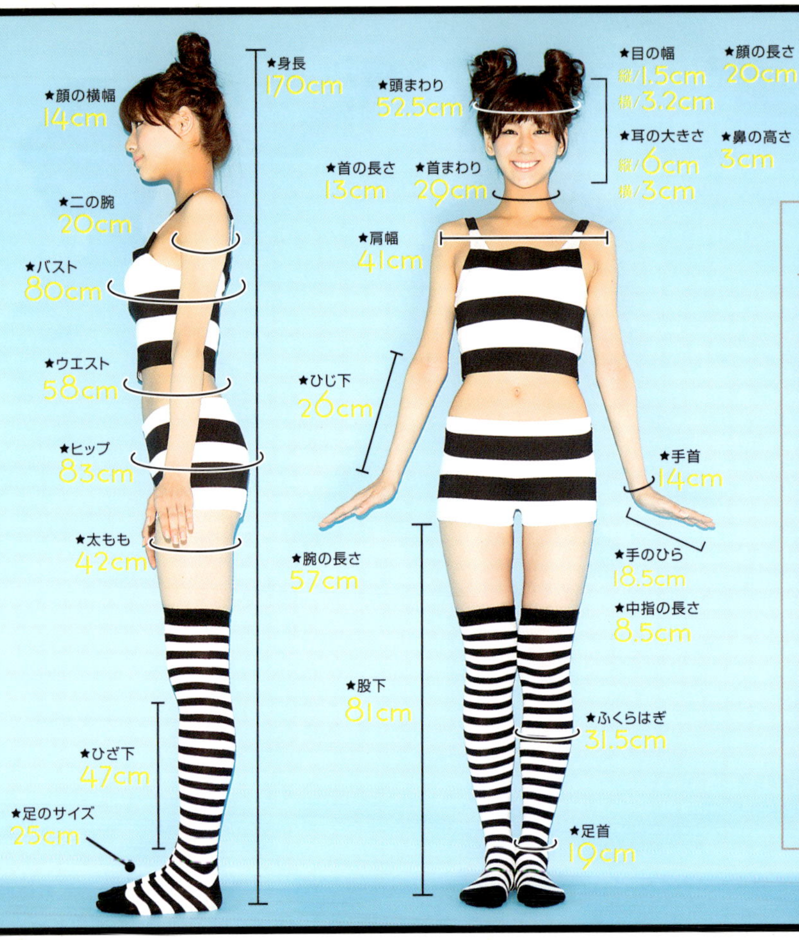

♥基本データ♥

名前 西内まりや(にしうちまりや)

名前の由来 クリスマスイブ生まれだから、マリア様にちなんで。しかし、両親が「名前負けしないように」と1文字だけかえて〝まりや〟に。

生年月日 1993年12月24日

出身地 福岡県

星座 山羊座 **血液型** A型

あだ名 まりや、まりやんぬ、うっぴー

兄弟構成 姉(5つ上♥)

長所 いろんなものに興味をしめす

短所 ハマると時間を忘れてしまう

好きな色 ピンク、シャーベットカラー

Q1 趣味・特技は?

A バドミントン。 ギター。ピアノ。料理。水泳。
歌とかダンスも好き。
ちなみに苦手なのは、**絵。**
キレイには描けないけど、最近ちょっとうまくなってきたよ♪

Q2 自画像、描いて!

きーもーちーわーるーいー!! 太い線で描くといいカンジになるってことに気がつきました。

まりや画伯ギャラリー

連載での迷作をちょっとだけ。右上から「正月にこたつでみかんの西内家」「お姉ちゃんの愛犬ティアラ」「マリオ」。

Q3 性格をヒトコトで!

A ポジティブ!

漢字だと、前は「考」をあてはめてたんだけど、それじゃダメだなーって思って。今は「明」に変更! 輝きたいですねー。いつか「光」が似合う人になりたいな。

まりや母&マネージャーK氏が証言

"まりやを漢字一文字で表すと?"

「興」by母 まりやは小さい頃から何にでも興味を持って、とことん自分で納得するまで追求していました。とくに保育園の頃、一度だけ鏡の前であみこみをしてあげたら、次からは自分でやっていました。

「努」byマネK氏 「努力したかいがあった!」とはしゃぐ姿も、悔しくて涙を流しながら努力する姿も見てきたので。そして、これからもさらなる努力で活躍し続けていってほしい願いから「努」にしました。

Q4 人見知りする?

A 最近してないです! ちっちゃい頃はそうだった。自分を恥ずかしくて出せなかったなー。でも最近克服した。いろんな人と現場で会うようになってから。今はもう、ひとりでショッピングしてても、店員さんに「色違いありますか?」とか聞けるようになったよ。

Q5 よく言われる第一印象は?

A もともと「コワイ」とか「しゃべりにくい」って言われてたけど、**人見知りもだいぶなくなって明るく話せるようになった。**
ドラマ現場のかたからは「笑顔でいつも元気もらってるから」と言っていただくことが増えて、それがすごくうれしい!
ドラマ『GTO』では友達もたくさんできたし、感激☆

裏まりやまにあ Q&A撮影終了後、サプライズでまりやお誕生日会を♥ 「ウソー!! 気がつかなかった!! …うれしいよぉぉぉ」と涙。西内さん、感動屋で涙腺弱めです。

Q8 コンプレックスは？

A くちびる。 薄いから。女のコらしいぷっくりしたくちびるってうらやましい。もっと色気が欲しかったな。まあ、色気がないからまりおができるんだけど(笑)。

Q7 自分の顔で好きなところは？

A りんかく。 お母さんゆずりです。

Q6 大好きだった給食メニューは？

A 唐《から》揚《あ》げ! 小学生の頃、好きだったなー。

Q10 高校3年間でいちばんの思い出は？

A 高3の合唱コンクール。うちのクラスが賞を総ナメしたの。絆とか団結をかんじて、うれしくて死ぬほど泣いたな～。

修学旅行も忘れられない!

Q9 習い事は何してた？

A ピアノを小3から中2、水泳を5歳から小5、バドミントンは小3から中2。5歳くらいから右脳教室にも通ってたよ。

Q11 学生時代の好きな科目と苦手な科目は？

A 好き→体育です。

音楽です。家庭科です! これだけはみんなより得意でした! 5教科だったら国語が得意だった。覚えることが得意だから、漢字の小テストでは満点をとることもあったよ! 今覚えてるかは、不明だけど(笑)。

苦手→化学かな。

遺伝子とかそういう話にはすごく興味があったけど、それ以外は苦手だった～。

Q12 クセは？

A 〝なんかー〟ってよく言ってる。最近は何かをごまかすときに〝うへえぇ〟って言ってるみたい(笑)。

Q17 ケータイのホーム画面は？

A

この本の撮影で行ったハワイの写真☆ 見るたび幸せな気持ちになってニヤニヤしちゃうっ。あとは、癒されるから動物にしてることも多いかな。癒される動物の画像も集めてるし。

Q14 お買い物スポットは？

A 渋谷、原宿、新宿。

Q15 よくチェックするショップは？

A 『snidel』『ノミネ』『titty&Co.』

Q16 〝じつは○○まにあ〟なものは？

A 星とか宇宙にまつわること。今、見えてる星の光って、自分が生まれるよりはるか昔のが見えてるんだけど、観測されてる中でいちばん古い光は、地球が生まれる前のものなんだって! どういうこと!? 光って何よりも速い速度なのに! とか、そういうことを考えると、楽しくてうずうずしちゃう。もっと詳しくなりたいよ～。

Q13 小さい頃の将来の夢は？

A バドミントンの選手。

小学校の卒業アルバムには〝日本一になった〟っていう前提の作文を書いてるくらい(笑)。

極秘入手!!

日本一に向かって　西内 まりや

「やったー。や、たー」

私は、日本一になったのです。最後の試合では、十四対十四でジュース。そして、また、十五対十五でジュース。そしてついに、日本一へと輝きました。そして今の試合で対戦した相手は、私の目標の人でした。これは、全国バドミントン大会で日本一になった私の十年後の姿です。私の夢はバドミントンで、日本一になることです。

私が、バドミントンを始めた理由は、お姉ちゃんがバドミントンをしていて、その練習についていっている間に、だんだんバドミントンが楽しく思えてきて入りました。入った時私は、三年生の時で、みんなが中学生だったので、監督からあまり相手にしてもらえなくて、とても悔しい思いをしました。でも初めて監督から、「コートに入ってみなさい」と言われた時は、うれしかったです。

日々の練習は、とても大変です。夏の体育館は、暑い上に窓をしめ、カーテンもしめるので、中はまるで、サウナのようです。冬の体育館は、しんしんと冷え、手も体も冷えきってしまうので、体が思うように動きません。でも勝つためには、人よりも努力することが必要だと思います。

そして、今はもう中学生だった人もやめてしまい人数は少ないけど、自分の目標に向かってがんばっています。そして今の私の目標は、今教えてもらっている監督に勝つことです。

それから、バドミントンをやっていて、三つのことを学びました。その三つとは、まず一つ目、「人よりも重いものを持つ」ということ。そして、「人よりもすばやく動く」ということ。それから、互いに助け合い、ほめ合うこともふくめて、「人のことを思いやる」ということです。これからも、この三つのことを忘れず、もっと、いろんなことを学んで、いっぱい練習して、日本一になれるようにがんばりたいです。

そしてこれからも、多くの子供たちがバドミントンをやるように、影響をあたえていきたいです。

Q21 ONとOFFの1日の過ごし方や睡眠時間は？

A **ON** 日によってバラバラだけど、ドラマだと、朝5時に集合してずっと撮影。翌朝までやったりすることも。STのときは、集合時間に合わせて起きて、撮影は長くて夜8時くらいまで。そのあとお母さんと合流して、ごはんを食べることが多いです。もっと早く終われば外でぶらぶらしてる。**帰ったら、すぐにお風呂に入って半身浴。**そのあとは自分の時間。ギターを弾いたり、YouTubeでおもしろ動画や気になるアーティストのPVを探したり。

OFF 今は寝てることが多いかも。**元気な日は絶対外に出る!** 朝から公園に行って、音楽を聴きながら散歩して。ウインドーショッピングもする。映画やカラオケ、お姉ちゃんや友達を誘ってごはんにも行くよ。

睡眠 最近は4～5時間かな。忙しいと2～3時間の日も。睡眠時間が足りないと、むくみがとれないのが悩み。**寝られる日は、まとめて12時間くらい睡眠をとることも!**

Q20 部屋着、見せて!

A パステルボーダーのもこもこルームウエア。

毛布生地のすっごい気持ちいいやつ♪

Q18 よく歌う曲は？

A 安室奈美恵さんの曲。クリスティーナ・アギレラやレディー・ガガもよく歌うよ!

Q19 休みがあったらどこへ行きたい？

A ハワイ。

オアフ島以外にも行ってみたい♡ あったかいところが好き～!

Q23 かわいい笑顔の作り方、教えて!

A ふたつの笑顔を覚えること。かわいく見せるための写真とかキメ顔は、口角を上げて、目を少し見ひらいて、斜め上から撮る。明るいとこで撮るのは絶対条件。ふだんの笑顔をかわいく見せたいときは、そういうことをいっさい考えずに心から笑うこと♥

2012.4月号
©山口イサオ

Q22 50m走は何秒？

A 今はわからないなー。

いちばん速かったときは7秒ジャスト。

小6とか中1の頃!

Q25 カバンの中に絶対入ってるものは？

A 梅干し!

なくなったらすぐに買い足すよ。梅干しを食べるときは、中をのぞいて、その瞬間に食べたい形を見極める。もはやクセのレベル(笑)。

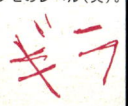

Q24 まりやスマイル・元気の源は？

A みんなよ、みんな♥!

自分がなぜ頑張ってるかって、笑顔になってくれる人がいるから! 地方に行っても「応援してます」っていうファンのコが声をかけてくれたりして、そういうのが本当にうれしい。応援してくれるみんなに、もっと笑顔をあげたいといつも思っています。

まりやまにあ ハワイロケ中、まりや母からきた最初のメールは「太ってないですか？」

Q28 好きなお笑い芸人は？

A ピカルメンバーはみんな大好き!!

個人的には、澤部さん(ハライチ)のツッコミがツボ。
あと、(渡辺)直美さんの体当たりな芸も!
その姿勢にすごく影響を受けてます。
お姉さん的存在でもあるし。

Q27 今欲しいものは？

A 車の免許。

ずっと欲しかった『UGG』のブーツは、
最近ハワイでGET!

Q26 得意料理は？

A いろんなジャンルがあるけど、パンとかピザはちっちゃい頃から作ってたから得意♪　パスタも普通によく作る。
評判がよかったのは唐揚げの甘酢和え。
お母さんがほめてくれた!

➡この手作りパンはシュトーレン♥
自分でもおいしくてびっくりした自信作!

Q32 恋・仕事・友情、順位をつけて。

A 順位つけるの難し〜。
どれも大切だけど、
今は仕事がいちばん大きい。
現場で友達ができたら
仕事をもっと頑張れるから、
仕事・友情・恋の順番かな？

Q30 お風呂の温度は？

A 43℃
高めです。

Q29 眠気を覚ますのにオススメの方法は？

A 私も知りたい〜!
よくやるのは、
体を冷やすことかな。
外に出て風に当たったり、
手を洗ったり。

Q31 オススメ美フードは？

A ひたすら鍋。

たっぷりのお野菜に鶏肉や豚肉を入れると、
おなかいっぱいになるのにヘルシー。
寄せ鍋や、しゃぶしゃぶもGOOD。

Q33 行ってみたい都道府県は？

A 北海道!

Q34 出かけるときは変装する？

A 変装っていうカンジじゃないけど、風邪予防にマスクはしてます。あと、おっきくなりすぎちゃうからヒールはあんまりはかなくなったかな。
でも、みんなに声かけてもらうのはうれしい♡

Q37 地元から東京へ出てきて、ビックリしたことは？

A 人が歩くスピードの速さ。
驚いた〜!　でも、東京は
いろんなことを学べるし知れる。
いろんなものに出会える場所だから好き。

Q36 "これだけは誰にも負けない"ってものは？

A 運動。

だいぶ体力落ちちゃったけど。
時間があれば、またジムに通いたい!

ふ〜ん…

Q35 最近した、ひとり○○は？

A ひとりカラオケ!
ひとり映画も!

急なあき時間だと誰も誘えないから仕方なくってカンジだけど、嫌いじゃないよ。この間、映画『レ・ミゼラブル』をひとりで観に行って、号泣した。

Q38 オススメの映画は？

A 『バック・トゥ・ザ・フューチャー』シリーズ。

'80〜'90年代の作品だけど、
今観てもおもしろい。

Q40 プリクラの好きなポーズは？

A こんなかんじですかね？

Q39 自分を動物にたとえると？

A 自分的には

つねにアツいから。 よく犬やリスとも言われる。

Q45 好きな寝方は？

A 横向き。 こんな風に転がります。

Q44 好きな番号は？

A 2と4。

どっちも自分にすごい縁がある数字。
12月24日生まれだし、小学校も1〜6年までずっと2組。出席番号も22とか24とか多かった。お姉ちゃんの誕生日が2月14日っていうのもあって、2と4はラッキーナンバーだと思ってる。
スポーツとか勝負事は1番が好き。

Q41 今まで食べたものの中でいちばんおいしかったものは？

A 梅干しですよ〜♥

毎日「おいしい!!」と思って食べてる。

Q42 今、幸せ？

A 幸せ(ニコ)

Q43 嫌なことがあったらどうする？

A 考え込むけど、結局は**仕方ないからお風呂で歌ってストレス発散!**　ギターを持ち込んで、お母さんを呼びつけて、私が歌う『トイレの神様』を聴いてもらうの(笑)。

Q46 暇つぶし法は？

A 最近『LINE POP』にハマってる。ふだんゲームやらないけど、これは適当にポンポンやってたら気持ちよくなっちゃって。

裏まりやまにあ　ST「自分のキライなところってどこ？」まりや「根がマジメすぎてつまらないところ！(即答)」マネK氏「はい、その答えがマジメすぎ〜♡(瞬殺)」

Q47 してみたいコスプレは？

A 映画『バーレスク』の

クリスティーナ・アギレラ みたいなかんじ♥

BURLESQUE

Q50 S? M?

A Sじゃないなー。

Mなのかな??

どっちかというと!

マネージャーK氏が証言

名前のとおりM(笑)。意外と天然で、まわりの人からつっこまれやすいんです。あと、子犬顔になるときがかわいいからM!!

Q49 自分へのごほうびは?

A **みたらしだんご**とか、たまに**甘いもの**を買って食べる。

血糖値を上げるために糖分をとることも必要だから、チョコはバッグの中に入れてることも。

Q48 オススメの香水は?

A **GUCCI『ラッシュ2』**リピート中☆

Q52 オシャレの参考にしてる人は?

A カワイイもクールも素敵な**ローラ**さん。

いろんなかたのブログもチェックしてるよ!

Q51 どうしたらポジティブになれる?

A いいことばっかり思い描くこと。ため込まないこと。**いつでも近くに幸せを見つけようとすること。**

Q53 朝起きてはじめにすることは?

A **顔を洗って歯磨きする。**

朝の儀式はこれくらい! あ、朝ごはんは必ず食べる。現場で出るおにぎりは食べすぎると太るから、**どんなに朝早くても、家で野菜かくだものをとる。**

Q56 ショートとロング、どっちが好き?

A **ロング**のほうが似合う気がする。**アレンジもできるし。**ショートとかやってみたいけど、

まりおになっちゃいそう!

Q55 家ではどんなコ?

A **静か**かなー。最近は。昔はひたすら何かしてて、うるさかったってよく言われる。お母さんに「小さい頃は変わってるコだったよー」って今でも言われる!

まりや母が証言

家でのまりやは、いつもひとりで何かやっています。最近は英会話に興味があるようです。時間に余裕があるときは、母娘でいろいろな会話をしますかねぇ。"明日地球がなくなるとしたら、何を食べたいか"とか。(小さい頃の変わってるコ秘話はP93でチェック!)

Q54 好きなおにぎりの具は?

A もちろん、**梅干しが好き。**カリカリ梅とじゃこが入ったやつ、おいしいよ! その次は肉そぼろかな。

Q57 寝るときに気をつけてることは?

A 空気清浄機と加湿器をつけて乾燥防止。リップクリームは絶対ぬって、マスクもつけて寝る。最初は苦しかったけど、今は慣れちゃった。寝る前はむくみをとるマッサージをして、メディキュットをはくよ。

Q60 手作りアクセの中で、いちばんのお気に入りは?

A **キラキラブレス。**

半年くらい前に作ったものだけど、今でもかなり使ってる。10個くらい作って、友達にプレゼントしたよ。

Q59 もらったファンレターは保管してあるの?

A **ありますよ~!**

それはもう、捨てられないですから。大人になってもコレ見て元気もらうために、タンスを丸ごとファンレター入れにしてるよ。ダンボールにもたまってるから、次引っ越したらファンレター用の部屋が欲しい!

Q58 なんで身長が伸びたの?

A **遺伝かな。**

お父さんが180cm、お母さんとお姉ちゃんが168cmくらいあるし、お父さんやお母さんの両親も大きい。**運動をやめた中2のとき、1年で13cm伸びました。**

Q61 いちばん成功したダイエット法は?

A 炭水化物を抜くこと。でも、まったくとらないんじゃなくて、量を減らしてよくかんで食べる。これで5キロ減らしたよ。**ダイエットは無理のない程度のものを毎日続けることが大切。**いきなり食事を抜いたりするのはダメ。

食べないダイエットで3キロやせたとき、体調をくずして何も食べれず、本当によくないと思った。イライラして、力も出ないしね。余裕があれば、**ある程度の運動も大切かな?**

裏まりやまにあ '11年12月号連載撮影のあと、高校最後の体育祭予行練習へ。後日結果を聞くと「リハでは1位だったけど、本番では抜かされて……悔し涙しました」とアツかった。

Q62 マジ変顔のバリエーション見せて!

A

Q63 もし魔法が使えたら?

A 宇宙に行きたい! 空飛びたい! 違う星に行ってみたい!

Q64 もしセレブになったら?

A 外国に家を建てて、ジェット機買って、ブーンって移動する♥

Q65 もし男のコに生まれてたら?

A **めっちゃ運動してると思う!**
水泳は絶対してたと思うし、
両親がやってたから
トライアスロンも
得意だったかも?
ダンスやアクロバットも、
できたらカッコイイな。

Q66 もしタイムマシンがあったら、どの時代に行きたい?

A 小学生に戻って校庭をかけまわりたい。
当時は幸せだったー。なんにも
考えてなくて。〝昼休みイエ〜イ!〟
っていう子どもの気持ちに戻ってみたいな。
未来はこれから体験できるから、
見なくていい。

Q67 もし明日、地球がなくなるとしたら?

A 会う人、会う人にハグして「ありがとう」
って言って、連絡とれる人みんなに電話
する。それで思う存分、食べたいものを
食べる! で、幸せな気持ちになって、
家族全員で寝る。最後の晩餐《ばんさん》は、
フグでもステーキでもなく、
お味噌《みそ》汁とごはんと梅干しがいい。
よく家族でその話、するんだよね(笑)。

Q68 この世でいちばん大切なものは?

A 親ですね。
いちばん近くにいるからなー。
考え方も性格も、
私がいるのは親のおかげです。

Q69 人生イチ、高い買い物は?

A ハワイで勇気を出して買った
『プラダ』の長財布♡

約＄600もするからドキドキした。持ってるだけで、気分がアガる!

担当編集Aが証言

最初は「大人っぽい黒の財布が欲しい!」と探してたので、意外な結末。買った翌日からうれしそうに使ってました☺☺☺

あと…
プライスレスな想い出!

マネK氏と海辺で語りつつ大泣き。夕陽を見ながら撮ったこの写真と時間は一生の宝物。

Q70 人生イチ恥ずかしかったことは?

A 『スイッチガール!!』での演技。オフモードのあそこまでの演技、最初は
すごく恥ずかしかったなー。私生活だと、歯に食べものがよくついてること。
ネギとかノリとか……ピカルメンバーに相当言われました。
だから、ごはん後には必ず鏡でチェックします。

Q71 ぶっちゃけ西内まりおくん、カッコいいと思う?

A 思わない思わない(笑)。
自分の好みのタイプと違うから! ただ、
お父さんの若い頃に似てるなって思う。
まりおは、ファンのみんなからすごく
愛してもらってうれしい。立ち姿とかしぐさ、
キメ顔などなど、いかに男っぽく見せるか
雑誌を見てすごーく研究したから!

Q72 男のコのフェチパーツは?

A ほどよくしっかりしてる腕。

フラッてなったときに、グイッて引っ張ってくれたら、
キュンってきちゃう♡ 広い肩幅も男らしくて好きです。

Q73 運命って信じる?

A 信じようって思う! 飛行機に乗ったとき、下を見たら、
たくさんの人が見えて。こんなに人がいっぱいいる
中での出会いって、奇跡みたいなもの!
友達やSTに出会ったことも、
このお仕事に出会ったことも、
きっと運命。

Q74 正直モテますよね? 恋、してる??

A いやいやいや、ないですよ。

モテるってどこからがモテるのかよくわからないし。モテなくていいから、
自分が心から大切に思ってる人に、誰よりも大切にされたい。

裏まりやまにあ ドラマ『スイッチガール!!』のオフモード衣装〝ほつれた猫パンツ〟。あまりにはき心地がよく、脱ぐのを忘れて帰宅→お風呂に入るところで気がつくこと数回。

Q75 好きな男のコのタイプは?

A 特に好みはないけど、**ポジティブで明るい人**がいいな。**お互い高め合えて、目指すものがある人。**ルックスは、笑顔がかわいい自然体な雰囲気の人に惹《ひ》かれがち。

Q76 顔と性格、どっちが大事?

A 性格!

Q77 初恋はいつ? どんな人?

A 保育園のとき。スポーツが得意で、ルックスもよくて、人気者なコだった。

マネージャーK氏が証言

〝まりやに似合う男性とは?〟

まりやはしっかり者だけれど、弱音を吐かずため込んでしまうタイプなので、仕事も恋も、まりやが何でも話せて甘えられる大人の男性が合うかなぁ、と思います。本人に好きなタイプは聞いていませんが(笑)。

Q78 好きな人からいちばん言われたい言葉・告白は?

A 「好き」。まっすぐでいい言葉だから。「大切」もうれしいかも♡

Q79 告白する派? されたい派?

A 告白するのが恥ずかしいわけじゃないんだけど、そこまで好きになる人がいないから……悲し! だからどっちかというと、されたい派かな? **自分から意識するようになったら告白しちゃうかも(ニヤ)?** 楽しそう〜!

Q80 告白されたこと、ある?

A **初めて告白されたのは小学5年生くらい。**理科室の前で。直接言われたのは、そのときだけ。もともと奥手だし、スポーツばっかりやってて サバサバしてたのもあるのか、男のコとどういう風に仲よくなっていいか今でもよくわからない……(笑)。

Q81 恋をしたらどんな風になるの?

A 女の人は男の人に引っ張ってもらうものっていう先入観があったけど、私は人に頼ったり甘えたりするのが苦手だし……どうなってしまうのか、謎。未知の世界(笑)! でもきっと、その人にしか見せられない私がいるんだろうな♡ 料理とか一緒にしたいし、手編みのマフラーもプレゼントしてみたい!

Q82 まりや式・好きな人をふり向かせる方法は?

A 自分から連絡をして、仲よくなったりしたいんだけど、どうしてもそういうのが苦手。だから、もしも相手がアプローチしてくれていい人そうだったら、ごはんに行ってみる。それでいろんな話をしてみて、根っこの部分の考え方が合いそうだったら、それからはマメに連絡をとるようにするかも。**〝気になる!〟って人と会うときは、常に笑顔で明るいイメージで。これが何より大切だと思う!**

Q83 自分が男ならST㊙の誰とつきあいたい?

A (鈴木)友菜ちゃん♥

ふわふわしてて、女のコらしくて、しぐさとか喋《しゃべ》り方とか全部どんぴしゃ! かわいい♥ ♥ ♥ 〝そばにいたい〟って思っちゃうと思う。私みたいなタイプは選ばないだろうな。

Q84 何歳でどんな人と結婚して、子どもは何人産みたい?

A ちっちゃい頃から25歳で結婚するのが夢だった。でも今になってリアルに考えてみると、20代後半から30歳くらいまでに結婚できたらいいな。それまで仕事を頑張りたいし、結婚しても辞めたくない! 相手は、自分に合う人だったら何をしてるかにはこだわらない。私はお姉ちゃんがいてよかったから、子どもはふたり。女のコがいい。

Q86 恋愛とは？

A 自分を磨いてくれるもの。**恋をしてると“いい香りにしてたい”とか“メイクもかわいくしなきゃ”って思うはず**だから。内面的にもまるくなるような気がするし、人を思いやる気持ちを大切にできそう。そんな恋愛、いつかしたいな〜。

Q85 親友と同じ人を好きになっちゃったらどうする？

A うーん……難しいけど、私だったら“彼がどうしたいか”にまかせちゃうと思う。せっかく好きになった人だから無理に諦めることも、ヘンに親友を遠ざけちゃうこともしないかな。しかしこのシチュエーション、ツラすぎる！ 友情も愛情もどっちも大切だし、“もしも”だとしても、考えれば考えるほど具合悪くなりそうだよ〜（笑）。

裏まりやまにあ '11年１月号『まりやまにあ55』では、回答に困ると小鼻をピクピクさせてキョドっていた。今は「うへぇぇ」と言いながら頭をかかえる芸人調リアクションに。

Q87 憧れの人は？

A オードリー・ヘプバーン。

美しいし、常に憧れ。考え方や生き方も素敵って思う！

Q88 共演してみたい人は？

A **深津絵里**さん

お会いしたいです。
大好きだから。

あと、染谷将太くんの演技が好きで、
最近気になってるかたです。

Q89 出演してみたい TV番組は？

A 旅番組。

ひたすらおいしいものを食べたりしたい♡
『情熱大陸』みたいな密着ドキュメンタリーもいいな。
自分も知らない自分が知れそうだから。

Q90 スタイルがいい新人モデルが入ってくると焦る？

A もちろん焦りますよ～。
"時代は動いてるな"って思うくらい、
みんなそろって脚が長くて顔もちっちゃくて、
刺激を受ける。
"自分にしかないものを思う存分生かして、自信をなくさずに頑張らなきゃ"って思うよ。

Q91 仲よしのSTⓜは？

A 卒業しちゃったけど
いちばん一緒にいたのは

（坂田）梨香子。

『スイッチ～』でも親友役だったし、
同期だし、気をつかわない仲。
いちばん近い存在でもあり、
刺激をくれるライバルでもある。
たまに梨香子と私服が
かぶったりすると、
うれしくなっちゃうんだ～♡

Q92 モデルになってよかったことは？

A キレイやかわいいを追求できるところ。
新しい自分を発見できるところ。
全国のみんなにオシャレを発信できるところ。

Q93 もしモデルじゃなかったら？

A ずっとバドミントン続けてたと思う。

だけど、英語を喋れるようになって
CAにもなってみたかったな。

Q94 大学生になりたいなって思う？

A **悩んだ時期、ありました。**
当時、ブログにも書いたけど、
それを最近見返して、そのときの心情を
思い出したりしてます。**仕事をやるか学生をやるか悩んだこともあったけど、仕事を頑張りたいっていう気持ちのほうが大きかった。**
大学にはいつでも
いけるからと思って、
進学は諦めました。
でもね、それでよかったと思ってる！

Q95 モデルと女優の違いは？

A やることがまったく違います。
モデルはひたすらかわいく見えるように、
キレイにしてもらって、洋服も見せる仕事。
女優は、かわいく見せなくても、
汚くても、そこの世界に生きてるカンジが
大切なのかなって。
しぐさや表情、姿勢や喋り方、
全部研究して自分じゃない誰かを演じる。

どちらの仕事も大好き！

Q96 社会人になって変わったことは？

A 『GTO』も『スイッチガール!!』も学生役だし、
じつは社会人っていう実感がそんなにわいてない（笑）。**ただ、生活が仕事一本になって、やることがさらに明確になることで、気分的にはラクになったかも。**
今は、学生を卒業した1年間がすごく忙しくて
有意義だったこと、そして、モデル・女優・
バラエティー……やりたかったことが全部あって、
幸せで胸がいっぱい♡！

Q97 10年後の自分は？

A 29歳か……。

まだまだ働いてたいな。
海外でも仕事できてたらうれしいな。
結婚はしてるのかなー。わからないなー。
頑張ります♪

Q98 西内まりやにとってSeventeenとは？

A **原点ですね。**

モデルとしても人としても磨いてもらった。
仕事への姿勢もそうだし、STがあることで、
プライベートでの過ごし方なんかも変わったと思う。意識も高まったし。
連載ページでは、こんなに自分のことを話すと思ってなかったし、知らない自分を
知ることができた。きっと10年後も「私の原点はST」って言ってる、
本当に大好きな場所！　私の支えです。

Q99 お部屋、見せて！

A

ベッド

セミダブルサイズだから、どんなに転がっても落ちな～い。
毎朝、ココで眠気と闘ってる。

アクセ

奥の白いボックスにアクセをしまってるよ。チェストは絶妙な色合いに惹かれて買った！

服がクローゼットに入りきらなくて買った。
私服撮影中は、ここになーんもなかった♪

ラック

⬇真ん中がクリアになってるとこがお気に入り。アクセを飾ってることが多いかな。

テーブル

⬇コーデや体型チェック、ポージングの練習など、毎日お世話になってます♡

番外編

バスルーム

緑がないと寂しいから、ってお母さんが¥100均で買ってきたの。ゴムくさい（笑）。

テレビ

テレビ大好きっ☆　バラエティー観たり、DVDで映画観たり。アロマボールも毎日大活躍なのです♪

鏡

裏まりやまにあ　まりや母は¥100均で個性的なものを買ってくる。お風呂のぶどうオブジェに続いて、最近は格言帳的なものを購入→トイレに設置。

Q100 好きな言葉は?

A 努力の上に花が咲く

これは変わらない! 「ありがとう」も好き。
ひとりでは生きていけないから、
感謝の気持ち、いつも持っていたいです。

1993→2013

まりやの歴史♥

生まれてから今日までのまりや、どどーんと
お披露目。ニコラ時代はもちろん、
Seventeenの表紙やお気に入りページ、
連載もごっちゃり並べてみました。ふふふ♡

私が生まれたのは、
クリスマスイブの夜中。
病院でいきなり
生まれてしまったから、
まさにこの世に誕生したときは、
私とお母さん、
ふたりきりだったんだって。
そのあとあわてて病院の先生が
かけつけてくれたって、
お母さんから聞いたよ。
小さい頃は
すごく人見知りなコだった。
だから今こういうお仕事をしてるのが
すごくへんなカンジ!!

プライベート編

べびまりや

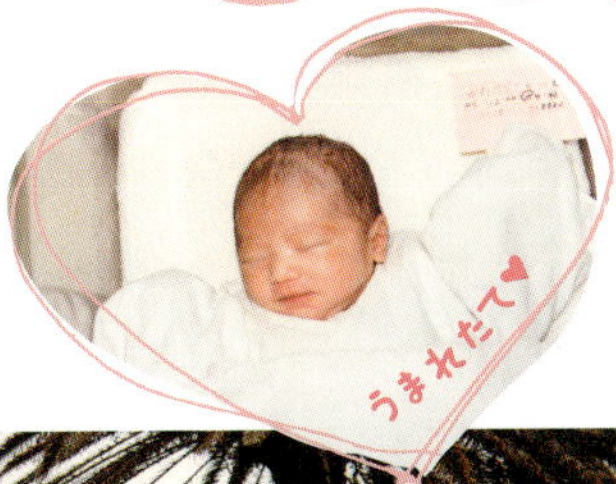

帽子をかぶっているのはオシャレじゃなくてハゲかくしなの(笑)。毛が薄くてかわいそうだからって。

男のコみたいでしょ☺ ショートでやんちゃで……まりおの原点ってこと!? 前髪短すぎだけどね。

3322gで誕生→すくすく成長中。じつはお父さんと眉、激似なんです。

TIMさんの「炎」のマネ(^_^)v 完成度高くない!? 高さが絶妙すぎて一瞬、肩車風。

大人用のゆかたを着てオバケごっこするのが大好きだったよ～。

わっ、お姉ちゃん、やばい(笑)。当時はふたりして、こういうポーズばっかりしてたの。

ちびまりや

白雪姫♥ 毒リンゴを食べたあと、目を開けっぱなしで倒れ続ける迷演技を披露した。

⬆年中さんの発表会。私の首の動き、激しいね。この頃から、目の前のことに全力投球。➡の写真、本気すぎて表情が険しい。力強いなぁ！

くせっ毛全盛期。レースつき靴下でおめかし。

お母さんにきいちゃいました まりや珍行動

逆立ちばかりしているコでした

なんだか、逆立ちをしていると気持ちがいいらしく、壁に向かって逆立ちをよくしていましたよ。あとは、ソファーに頭をつけ逆立ちしたままテレビを観てたりもしてました。

中学生の頃

お仕事を始めたくらい。身長149cmなのに、足は24cmあったんだ。昔からデカ足なのです。

「努力の上に花が咲く」を私に教えてくれた人。体育館120周、ツラかった……!!

中２の夏に東京へ。この写真は、一生の宝物。過呼吸級に泣きまくった。動画も撮影した～。

地元の卒業式にサプライズで参戦☆ 東京から向かう飛行機の中では、ひたすらドキドキ&わくわく。

親友のフクと。引っ越す直前の夏休みに、水着を買ってプールへ行ったとき。

小学生の頃

パジャマで失礼しまーす☆

➡左から2番目だよ。真っ黒スク水まりや初公開。水泳、かなり得意♪

⬆イヤー!! なんだろコレ!? 私、ピースか不思議なキメポーズばっか。

⬅運動会の徒競走、もちろんいつも1番でした!! 負けず嫌い、大発揮。

➡カーキのパーカを着てるコがまりやだよ。3年生の5月に遠足で福岡タワーへ。

お仕事編

nicola《ニコラ》㋲まりや

第二の人生が始まった！と言ってもいいくらい、新時代の幕開け(笑)。懐かしい写真も多くて、うれしはずかしいな〜☆

2010.5月号　©藤沢大祐

卒業記念ページの撮影で、すっぴん笑顔。これを見て、〝何も飾らず私らしくいよう〟って心に決めた大切な1枚。

「まりやが〝クールに私服を撮りたい〟と提案して実現。アンケートでもぶっちぎり1位だった伝説のページです」(眞部編集長)

2009.2月号　©藤沢大祐

2008.12月号
©山川勉(will creative)

初めて自然な笑顔で写れた表紙。とってもお気に入り♪

子犬を思い浮かべて、必死で笑顔を作った初表紙!! 「しかもソロ。異例の大抜擢です」(『ニコラ』眞部編集長)

2008.4月号 ©中野寛仁

2007.8月号 ©中野寛仁

初登場。『夏アクセ』と『メイク』のページに出たんだけど、緊張しすぎて、心臓が口から出るかと思った。顔もカッチカチ。

Seventeen《セブンティーン》㋲まりや

ド緊張!!　2010.11月号

©村山元一

めっちゃめちゃ緊張したー!! 大好きな桐谷美玲ちゃんと2人で撮影なんて夢気分。一緒に写メも撮ってもらったの♡

2010.10月号

カメラマンさんからたくさんのアドバイスを受けながら挑んだ、忘れられない撮影。全部が想い出深いページなんだ。

お気に入り

©村山元一

2010.8月号

©吉川綾子

初・男装♡　カツラをかぶって、衣装を着たときの男っぷりにびっくり!!　リーゼント風もいいでしょ(笑)。

初登場　2010.7月号

©吉川綾子

若ーい!!　笑顔しかできなくて、クールな表情を求められたときは〝どうしよう〟って内心焦ってた。毎年恒例のST㋲BOOK(⬆)では「来年はもっとキレイになって撮ってもらう」と決意。

©羽田徹(biswa)

©吉川綾子

恐縮ですっ。自分の体について細かく把握するようになり意識も高まる。

初表紙　2011.3月号

©箕浦真人(biswa)

すごく緊張していたら、美玲ちゃんが「大丈夫だよ」って背中をポンポンしてくれて。さらにホレた〜っ♡

ST㋲の特技
変顔オフショ
最高☆

今思うと、和ませてくれてたのかな……ありがとう。

初私服着まわしページ!　2011.2月号

©高野友也(PEACE MONKEY)

もっと私を知ってもらいたくて、気合い入れすぎってくらいのテンションで撮影してた。楽しかった〜♪

cool★

©薮田修身(FEMME)

ここまでクールなポーズと表情は初。何回見ても私じゃないみたい。

2011.1月号

©giraffe

読者のコが私自身のことを知りたいと思ってくれてるなんて(泣)。この企画を通して、自分について考えるようになりました。

2011.8月号

STではガーリー担当が多いけど、シンプルなコーデにハマったきっかけはコレ。このコーデもプライベートでマネしたし！

©清水尚子(star players)

©佐藤きよた

➡笑顔がステキなモデルになりたいって思いながら臨んだ撮影。⬇ブログのトップ画像、じつはコレなの☆

©藤田修弘

2011.7月号　初ハワイ

じつは水着も初!!　友菜ちゃんと同じ部屋で、夜、一緒に腹筋したり、とにかく楽しすぎた。Myデジイチでオフショも撮りまくり。
©佐藤きよた

©諸井純二(ROOSTER)

ここまでのストレート、新鮮じゃない？　制服&ナチュメイク、好きだわ〜っ!!

連載もスタート♥

©村山元一

お母さんもいちばん気に入ってる写真。いつ撮られたんだろうってくらい素。

初1人表紙　2011.5月号

©山口イサオ

新学期号☆　撮影中、めちゃ笑った☺　発売が東日本大震災の直後で、ブログに「電気も使えない家で、このSTを見て元気をもらって頑張っています」というコメントがあって。1人表紙、泣くほどうれしかったけど、それ以上にモデルをする意味、やりがいを感じました。

裏まりやまにあ　'11年1月号の『まりやまにあ55』は、原宿明治神宮前交差点から裏原宿を抜けて、ラフォーレ前に戻ってくるルートを、ふらふらお散歩しながら撮影したんだよー♪

ST崎谷編集長から見た まりやってどんなコ?

Seventeenモデル部のエースで4番でキャプテン!

ビジュアル、スタイル、センス……どれをとっても素晴らしい！のはもちろん、実はもっとすごいのは、それを常に磨く努力もSTモデルナンバーワン！　新人モデルを気遣って声をかけてあげたり、学園祭を盛り上げたり、名実共にST㊦部のキャプテン的存在です。

すべてはここから始まった……。こんな定期的に男になるとは思いもしなかったよぉ。

©露木聡子

西内まりお誕生!

2011.11月号

©村山元一

“ヌケ感”なるものを、初めて覚えた記念すべき表紙。表情も衣装もメイクもとてもお気に入り♡　いちばんかも。

2011.10月号

©箕浦真人(biswa)

ST同期の梨香子と表紙で気合い入った。お互い声をかけ合いながら、息を合わせて頑張りました。じつは⬆のページを見たときに、“髪をミディアムにして本当によかった!!”って思ったの。

©堀内亮(Cabraw)

2012.7月号

©佐藤きよた

再びハワイ

©清水尚子(star players)

⬆みんなの仲よし度、そのまま伝わってるでしょ☆　そんなカンジがお気に入り。華やか♡
⬅このあたりから“大人っぽい”って言葉がつくように。

2012.4月号

髪、だいぶのびた——のではなく、ドラマ『スイッチガール!!』でエクステしてたとき。のびてたら早すぎ！

©村山元一

©村山元一

2012.5月号

大好きな後輩・(北山)詩織と。私が美玲ちゃんに安心させてもらったようにできたかな……??

2012.2月号

新年、たくさんの人を笑顔にって気持ちでビッグスマイル!!　お父さんは10冊買ったらしい(笑)。

©村山元一

2012.3月号

©村山元一

また私服着まわし、やらせてもらえて感激♪　着まわし前に服を買い込むこと、わりとよくあります。

2012.11月号

©清水尚子(star players)

カジュアルでクール、そしてパープルのニット帽が、私には新鮮なコーデ。このちんまりしたポーズにもハマってる♪

2012.10月号

©堀内亮(Cabraw)

自分にときめき、自分とイチャつくという(笑)。まりおメイクからまりやメイクに変わる途中の、太い男眉で、髪はロングの状態がヤバかった！

伝説の一人二役着まわし。まりやの男装、どうかな!?

2012.9月号ふろく

©諸井純二(ROOSTER)

'11年も『女磨きDIARY40days』をやらせてもらって、今度は別冊。自分の成長が見られる貴重なページだし、とーぜん力も入るってもんです。ふんふんふん!!

この写真、新しいカンジのまりやで好き!

2012.8月号

©堀内亮(Cabraw)

(渡辺)直美……あ、違う！　憧れの白鳥美麗ちゃんとブスの私が、まさか表紙を飾れるなんて♡　夢のコラボ。

2013.2月号

新年はやっぱド派手☆　ドラマ『スイッチガール!! 2』真っ最中で、毎日必死だったと記憶しております。

©村山元一

©堀内亮(Cabraw)

前回好評につき、第2弾。ありがとうございまーす☆
ラストがいつも絶叫モノでわれながらテレます、はい。

2013.1月号

初めてのメンバーで、初めての3人表紙。THEクリスマスな衣装だし、気分あがったっ♡

©村山元一

キャ~!!

2012.12月号

まりおばっかりやってるわけじゃありません!!　私服も紹介したり、ちゃんとモデルしてますよ。

©佐藤きよた

まりやまにあ　まりお着まわしの撮影はスタッフも大盛り上がり。記念撮影したり、合成用写真にダミーで入って、まりおと大接近して赤面したり。まりやなことを忘れてただのファン!?

「君のことがずっと
気になってたんだ」

日本全国 マジ惚れ注意報 発令中!!

西内まりおくんSpecial

大人気すぎて、緊急クローズアップ!!　ST誌上の名セリフ、『まりやまにあ』オリジナルセリフ、
あなただけのためにささやきます♥　永久保存版です。

「俺とつきあって
ください」

「いまから俺のこと
好きになってよ」

「好きなヤツに
好きって伝えて
何が悪りぃんだよ」
「俺のことばっか
考えてるくせに」

「あんま近よんなよ…
ドキドキしてんの
バレるだろ」

「あれ？　具合悪いの？」

「――お前が元気ないと
俺もつまんないんだけど」

「勝手にしろよ」

「・・・・・・・」

「・・・なにそれ。俺、知らない」

「ちゃんと俺に話せよ!!
俺がお前を守るって
決めてんのに・・・
意味ねぇじゃん」
「お前がつらいときは
俺が勝手に気づいて
勝手に守るから」
「ずっといっしょに
いような」

Seventeen連載編

まりやまにあ いっき見せ

約２年分、当時の思い出やコメントとともにふり返るよ。インタビューはね……虫メガネで読んでください(笑)。

mania.08 アツくなりすぎるタイプです。

実際にバドをやりながら撮ったのが楽しかった♪　風が強すぎて、後半はエアーになって、最後はひとりフットワークタイム。いい運動だ☆　いつも何かに突き進んでいくのがきっと自分らしい!!

©山口イサオ

mania.09
18歳♥

17歳をふり返って、変化の年ってこたえてる。連載も始まって「今までは嫌いだったけど、まりやちゃんの考えてることを知って好きになった」ってブログにコメントを寄せてくれるコが多くなったのも、うれしかった。

©岡部太郎(SIGNO)

mania.10 通学路

この写真、リアルで好き♥　イメージは私の通学風景。小道具で使ってる単語帳も学校で使ってた私物。中学時代は往復１時間かけて徒歩で通っていたから、初めての定期券はうれしかったな。

©山口イサオ

mania.04
手作りアクセ♥

アクセ作りに関しては、かなり計画性がないことを披露(笑)。"なんとなくこんなカンジ!?"っていう勢いだけで仕上げちゃうけど、何となく形になるし、どれもこれも愛着たっぷりなんだ〜。とにかく、ちまちました作業がものすごく楽しい！

©山口イサオ

©北浦敦子

mania.05 イメチェン☆

ずーっと思ってたことをついに実現！　小５くらいのときに、いわゆる"おかっぱヘア"にして以来、ずっとロングヘアだったの。勇気を出してイメチェンしたら自動的にココロもリフレッシュ☆

mania.06
カメラ

この日も雨が降って、急遽、葛西臨海公園内の水族館へ。17歳の誕生日にもらったMyデジタル一眼で、ペンギンを撮りまくった!!　149枚も。シャッターを押す「カシャッ」って感覚が気持ちよすぎて、今もぞっこん♡

©橋本憲和(f-me)

mania.07
ブログ

私のすべて、と言ってもいいくらい、等身大のリアルまりや全開中♪　家で作業しくると、つい熱中しちゃって、お母さんに話しかけられても「今ブログ書いてるけん、話しかけんでー!!」なんて言っちゃうんだよね(笑)。

©箕浦真人(biswa)

©村山元一

mania.01
大切にしているコト

バドミントンで培った『努力の上に花が咲く』(詳しくはP104〜のロングインタビューで)について熱く語った、記念すべき第１回。撮影当日は大雨。代々木公園の大きな木の下で撮影したの。全然そうは見えないでしょっ。

©北浦敦子

mania.02 17歳のわたし

自分の性格、考え方についてじっくり話したのは、コレが初めて。東日本大震災直後が撮影日で、学校のことでも悩んでいた時期だったから、正直、精神的にキツかった。だけど、今は頑張ってよかったと思える大事な時間。

©村山元一

mania.03 渋谷

上京してから、いちばんなじみの深い場所をテーマに撮影。雲一つない晴天で、合成かってくらいキレイでしょ。渋谷でオススメなのはスペイン坂。ちょっとしたカフェや雑貨屋さんが多いから、休憩しながらブラブラできて好きなの。TSUTAYAもよく行く。

裏まりやまにあ　ハワイで大事な撮影前、「気合い入れるかー！」とまりやが手に取ったものは？　①ダンベルとコロコロ　②清涼飲料水　③リンゴ　【答え】③。丸かじりして１個完食!!

©山口イサオ

mania.13 Special 地元まにあっく★

地元・福岡の想い出の場所を、ひたすらまにあっくに巡った！ 小学校はテンションあがりすぎて、完全に子ども(笑)。掃除道具入れの中に入ったり、ブランコ乗って笑いが止まらなくなったり。そのあと、大親友としゃべりまくって、夜からはお父さんが合流。モツ鍋からの屋台で焼きラーメン。朝は市場に連れていってくれて海鮮丼、とフルコース。さらに帰りの空港には、おじいちゃんとおばあちゃんが見送りにきてくれて、西内家総出な舞台裏だったんだよね〜。

©山口イサオ

mania.11 冬スイッチ!!

半纏着て、みかん食べて、寝転がって、だらだらしてるうちに撮影が終わってた。アットホームすぎ！(笑) 冬におせんべい食べながらこたつでTV観るの、大好き♡

©山口イサオ

mania.12 高校卒業

リアル制服でTHE卒業写真。まさに節目。心も環境も切り替わったときだから晴れ晴れしながらも、大人のようで、まだ子どものようで。ただただ、高校3年間頑張った自分を、ちょっとだけほめてあげたい気分でした♪

mania.15 まりやとティアラ

お姉ちゃんの愛犬・ティアラとの撮影は鼻血モノ〜♥ お母さんが張り切って一張羅を着せてくれたのに、撮影中おじさんみたいにおなか出して寝だすし。とんでもないリラックスぶりもいい思い出。ティアラは今日も元気におもちゃで遊んでます♥♥♥

©山口イサオ

お姉ちゃんの
お気に入りカット

mania.14 Girl's Talk

増ページ、うれしかった！ "自分について考えることが必要で大事"とずっと思ってたけど、"それが自分を苦しめてたんだ"って気がつきはじめた頃。少し肩の力が抜けたというか。成長、ってやつですかね。

©giraffe

 まりやまにあ 水着撮影中、スタッフ全員が「素晴らしい！」とベタぼめだったまりやのボディパーツは？ ①お尻 ②肩甲骨 ③ふくらはぎ 【答え】①。なれるものなら、まりや尻!!

©四方あゆみ(ROOSTER)

mania.20 お買い物まにあ

この撮影で買ったもこもこルームシューズがあったかくて絶賛愛用中。リピートの予感です。ふだんは信じられないくらい迷う優柔不断な私が、"1時間1万円"って決められたらサクサク決断できて感動!! そういう買い物の方法もあるんだなって、自分新発見でした。

©四方あゆみ(ROOSTER)

mania.21 お仕事まにあ~2012 ver.~

モデルについて、女優のお仕事について。そのときの心の中を素直にさらけ出したロングインタビュー。撮影中にいろんな想いがあふれてきて、こんな顔になってます(笑)。でもね、そんな自分もいいかな、って思う今日この頃。

mania.22 おふろまにあ

©山口イサオ

このページも好き♥ パックしてる顔とか、ちょっとホラー!? 相変わらずお風呂大好きで、長風呂してる。最近は、iPhoneを水没させてしまい、防水ケースに入れてバスタイムを楽しむようになりました。

mania.23 ピカルまにあ♡

大好きな渡辺直美さんと対談。このときに『ピカルの定理』の現場で、私が歯にものをよくつけていることをバラされてしまい……それも含めて笑いが止まらなかった。写真も迫力があって、サイコー♥

©山口イサオ

©北浦敦子

mania.16 ネイルまにあ

ふつうにネイルしてるところを順番に撮ってたから、失敗も真剣な顔もライブ中継! ひとことで言うと、"ただの素まりや"です。'12年の夏はネオンカラーのランダムぬりにハマってたな。

©北浦敦子

mania.17 Myゆかたで夏まにあ♥

はやめの夏を一気に満喫。仕事で寝てない日が続いてたから、ごほうびの時間ってことで、とりあえず気合いで食べまくった! 流しそうめん、スイカ割り、かき氷をみんなでわいわい☆ ゆかたも着れてHappy♪

©山口イサオ

mania.18 バッグの中身パパラッチ★!!

ドラマ『GTO』の頃。バッグの中身を丸出しってテーマだし"なんでもどーぞ!"モードになっちゃって、本当にガチ丸出し。ガムの包み紙が出てきたときは、絵にならなさすぎて、そっとはずされてた……。

©北浦敦子

mania.19 あみこみまにあ

ヘアアレは趣味みたいなもの。日々研究、日々精進です!! あみこみ前にゆる巻きしておくのが、あみこみまにあのルール。今回はあみこみ3パターンだったけど、ほかのカテゴリーでもまたやりたい。

裏まりやまにあ 『お買い物まにあ』の撮影スタートと同時に、香りものコーナーへ突進。勢いよくかぎまくるが、案の定「なんか違いがわからなくなってきたー」と嗅覚を失いかけていた。

まりやのコトバ

どこまでもまっすぐだけど、
たまにゆるすぎる。そんなまりや
らしさ、感じてください。

友達の存在は
何よりも大切。

—mania.12『高校卒業』—

「負けそう」って顔に出した時点で
すでに負け。

—mania.02『17歳のわたし』—

努力に勝る知恵なし。
いつも一生懸命でいたい。

—'11年1月号『まりやまにあ55』—

やりたいことを
叶えたかったら
強くならなきゃいけない。

—mania.21『お仕事まにあ～2012 ver.～』—

キレイなつめは
見てるだけで
うれしくなるし、
テンションが
上がるんだもん♪

—mania.16『ネイルまにあ』—

学校になじめないのを理由に
くよくよしてた時期もあったけど、
今思えば全部
自分の気持ちひとつだったんだと思う。

〝受け入れて
ほしかったら、
まず自分から
心を開く〟。
そんなことを学校生活の中で教わった。

—mania.12『高校卒業』—

生きてるって素晴らしい!!

—mania.02『17歳のわたし』—

スポーツは
どんなにつらくても、
やればやるだけ
結果はついてくる。
モデルのお仕事は、
スポーツで培った努力や
根性で向き合うだけじゃ、
うまくいかないこともある。

—mania.01『大切にしているコト』—

部屋の窓をちょこっと開けて、
涼しい風をふぁーっと浴びるのも
幸せの瞬間。

—mania.22『おふろまにあ』—

こたつでごろっとするとか、
最高ですよ♥♥♥
ぬくぬくしながらみかんを食べたり、
そのままウトウトしてみたり…。
幸せだ～!!

—mania.11『冬スイッチ!!』—

好いとーよー

—mania.13『地元まにあっく★』—

私の買い物の法則は
ズバリ
〝失敗しないよう慎重に!〟。
お気に入りを見つけてもずーっと悩んで、何度も何度も
お店をぐるぐるして、とにかく信じられないくらい迷っちゃう。
店員さんに〝昨日も来られましたよね?〟って言われたり。

—mania.20『お買い物まにあ』—

〝あっ!!〟って
心が動いた瞬間を、
私はずっと忘れたくない。

—mania.06『カメラ』—

スイカをかかえて
食べられるなんて幸せ～♥

—mania.17『Myゆかたで夏まにあ♥』—

後悔しないために、つらくても
自分の気持ちとしっかり
向き合うことの大切さを知った。

—mania.09『18歳♥』—

Long interview

地元・福岡でスポーツに打ち込み、学生生活を楽しんでいた時代、
モデルになる決意と葛藤、現在の気持ち……。
今初めて語る、まりやの素直な思い。

バドミントンに熱中した地元・福岡時代

　私は福岡出身。お父さんとお母さん、5つ年上のお姉ちゃんの4人家族。お母さんは水泳で国体、いとこもラグビーで花園、ボートで全国大会、お父さんもボクサーのセコンドをやったりしている、絵に描いたようなスポーツ一家。私も小3から6年間、バドミントンを本気でやっていた、超スポーツ少女だったよ。福岡時代はこの経験なしでは語れない、っていうくらい熱中してた！　学校から帰ったら練習、休みの日も1周2キロある公園を何周も何周も走って。監督がものすごく厳しいかただったからそれはそれはよく怒られてたよ。練習がツラくて何度もやめたいと思ったけれどなんやかんや体を動かすことが好きだったし、監督がものすごく自分に期待してくれてるってことを分かっていたから、その気持ちを絶対に裏切っちゃいけないっていう想いが大きかった。両親も〝せっかくやるなら1番を目指しなさい〟っていう考えだったこともあって、どんなに苦しくても逃げるのだけはいけないって、いつも思ってた。でも、そういう努力を喜びに変えてくれるのもまた、バドミントンだったの。試合で勝てたときの達成感といったらもう、言葉にできないくらいの感動！　監督が喜んでくれる姿を見れることがうれしかったし、私はスポーツを通して〝努力したら必ず結果はついてくる〟ってことを、身をもって学んだ。モデルを始めるタイミングでやめちゃったけど、福岡市内で1位になることもできて。今でも時間さえあれば、またやりたいなーって思う。

　今思い出しても練習は超ハードだったけど、バドミントン一色の福岡時代が苦しかっただけかっていうと、そんなことは全然なくて。むしろすっごく楽しかった。5教科以外、特に体育が得意で、休み時間になると校庭を走り回っていたり、学校でも家でもすごくひょうきんだった！　学校行事も大好きで積極的に取り組んでたよ。「西内は声が大きいから」って、合唱コンクールでは必ずうしろの列でみんなを盛り上げる役だったし、ピアノの伴奏をしたりするのも好きだった。たぶんクラスメイトは「西内ってヘンでおもしろいよね～」って思ってたんじゃないかな(笑)。家での私も元気そのもの。お母さんにいつも「うるさい～」って言われてたくらい。テレビもだーい好きなコで、練習から帰ってくるとお笑い番組を観ながらひたすら梅干しを食べて(笑)。音楽をかけながらニュースキャスターっぽく「今日お伝えするのは～」って、レポートしている姿をビデオに撮ったり。これは今でも残ってる！　好きなものを好きなだけ食べて、日焼けし放題で真っ黒で、今思うとほのぼの平和だったな～。

　バドミントンは、かけがえのない友情もはぐくんでくれたよ。ペアを組んでた〝フク〟とは、泣いたり笑ったり、まさに青春っていう時間を過ごした。些細なことでしょっちゅうケンカをしちゃうけど、翌朝顔を合わせると、どちらからともなく、当時ハヤってたギャグをまじえながらおはようって言えて、まるで何もなかったみたいにまた仲よくできる。練習帰りに海沿いの道をあれこれおしゃべりしたりしながら帰る時間も大好きだったな。フクとはお笑いコンビを組んでた時代もあって、私はボケ担当だった(笑)。中1で同じクラスになった〝あやか〟ともすごく気が合って、フクと3人で、いつもふざけ合ってたよ。苦しいときもうれしいときも一緒に過ごして、言葉がなくてもお互いを分かり合える。そのときは深くは考えていなかったけど、自分をさらけ出せる友達ってなかなかできないものだなーって、今はつくづく思う。

仕事をしたい！決意の上京

　そんな中2のある日、今の事務所にスカウトされたことがきっかけで、モデルのお仕事を始めることになったの。ファッションに興味がなかったわけじゃないけれど、スポーツ少女だったし、当時のスタイルは基本、常にジャージ(笑)。オシャレな世界なんて縁遠かったけど、モデルの世界にすごく興味がわいたの。初めて雑誌に載ったときの感動は忘れられない！　しばらくはお仕事のたびに福岡と東京を行き来していたけれど、本気で頑張ってみたいと思い、上京することを選んだよ。死ぬ気でやってきたバドミントンもやめることになって、一生懸命育ててくれた監督を、そのとき初めて、裏切ってしまったような気持ちになった。申し訳なさでいっぱいだったし、すごく悲しかった。たぶん、モデ

ルのお仕事との出逢いがなかったら今でもずっと続けていたと思うけど……このお仕事で頑張って輝いて、いつか監督に喜んでもらえるようにならなきゃって、心に誓った。
　東京に出てくるタイミングで気持ちも変わり、大きく人生が動いたような気がする。大好きだった友達、地元福岡との別れ。さみしいとか悲しい気持ちはもちろんあった。でも、新しく選んだ自分の夢“モデル”を、必死でやってきたバドミントンのように、絶対形にしなきゃって思った。不安な気持ちでいっぱいだったけれど、それと同時に、東京という場所やモデルの仕事に対する期待感も強かったかな。

“西内まりや”と、“素のまりや”との葛藤

　それからの私は雑誌『ニコラ』の専属モデルをやらせてもらったよ。仕事を始めたからといっても、まだド新人。メイクしてもらった自分がひたすらうれしかったり、華やいだ気持ちでいっぱいだった。撮影現場でもいつもはしゃいでいて、放課後の部活みたいな気持ちでただただ楽しかった。
　だけど日が経つにつれ、華やかに見えていた東京という場所の厳しさっていうのかな？　そういうのも感じはじめたの。地元福岡とはムードも違うし、バカなことを言い合える友達も近くにいない。だんだんとさみしい気持ちになっていった。モデルとしてみんなに憧れられるような存在でいなきゃいけないのに、実際の自分は全然違ってた。オシャレもメイクも好きだけど、みんなに発信できるレベルではない。ふつうすぎる自分に自信が持てなかった。今思っていることを素直に話せるような新しい友達もなかなかできなくて、“私、ひとりぼっちなんだ”っていう孤独感ばかりがどんどん強くなっていったの。だからこそ、仕事だけはなんとしても頑張りたいと思った。だって、仕事を頑張るために東京へ出てきたんだから。いつも助けてくれる事務所のかたがいる。家族がいる。応援してくれるファンのコがいる。“もっと真剣になって完ぺきな自分でいなくちゃ！　やるからにはトップにならなきゃ！”っていう気持ちが強くなればなるほど、焦る気持ちがつのっていったの。
　そんな時期に『ニコラ』を卒業して、『Seventeen』モデルに。ちょうど学校も転校したタイミングだったから、よりいっそう気合いを入れてモデルの仕事に向き合うようになったよ。STは『ニコラ』とはまた違った雰囲気で、何もかも新鮮だった。着る服のテイストが違うから、求められるポージングや表情も違う。女優業をやっているコも多くて、そういう意味でも、ものすごく刺激的な場所に思えたの。その一方で、相変わらず自信を持てない自分。編集部のかたに「まりやちゃんはどう思う？　どうしたい？」って言われるたびに、“作ってるまりや”をうっかり出してしまう。素直な自分を出して、“まりやちゃんてふつうだな。モデルなのにつまらないな”って思われちゃいけないと思ってた。“モデルっぽいまりや”だから、応援してくれるファンのコがいるって勝手に考えていたから。だって、私にとって憧れのモデルさんて、華やかだしカッコイイし、プライベートだって素敵で。なのに自分は全然そんなじゃない。たまにバッグから梅干しの種が出てきたり、部屋だっていつもキレイなわけじゃない。そんな不安な気持ちから抜け出すためにも歌やダンス、演技のレッスンなど、今できることをとにかく一生懸命やることで、どうにか自信を持てる自分になりたいと思った。

新しい友達＆仕事。新たな発見の数々

　そんな私が変わりはじめたのは、たぶん2年くらい前。STの連載『まりやまにあ』が始まった頃だと思う。オシャレやメイクのことだけじゃなく、私自身について深く意見を求められることがそれまでなかったし、なんて答えたらいいのか最初はさっぱりわからなかった。それまで自信のない自分を隠してきたから、よけいに。だけど、自分の連載ページだから大事にしたいし、私のことをもっともっとみんなに知ってもらえる大切な場所。聞かれたことに対して自分の経験や思いをじっくり見つめ直しながら答えていくことで、少しずつ、少しずつ、“自分でも知らなかった自分”を感じられるようになったの。“こういうことがツラかったんだ”とか、“でもこの部分なら自信が持てる”とか、新しい発見がたくさんあったんだ。
　ちょうど連載が始まった頃、ブログもリニューアルして。ファンのみんなに少しでも喜んでほしくて、時間がある限り、ヘア＆メイクのやり方を1日中自分で撮影して、パソコンに取り込んで、加工してアップして……。みんなからの反応がくるたびに、すごくうれしかった！　もっと楽しんでもらえるように毎日新しいブログネタを探すようになったよ。
　そして、もうひとつ大きな変化。高2から通った新しい学校でも、すごく信頼できる友達ができたんだ！　私は顔がシュッとしてるからか、初対面の人に怖がられてしまいがち。実際、友達にもそう言われたことがある。仕事に必死だったこともあって、東京で新しい友達をつくるっていうことには消極的だったけれど、クラスメイトのみんながそんな私を温かい気持ちで受け入れてくれたの。しかも“うっぴー”っていう新しいあだ名までつけてくれた♡　涙が出るほどうれしかったよ～!!　途中参加だったけどみんなで行った修学旅行、賞を総ナメした合唱コンクール、大泣きした卒業式……。かたくなな気持ちになりすぎて、自分を気にかけてくれるみんなを遠ざけてたのは、むしろ自分のほうだったんだなって、すごく反省した。今でもクラスのみんなとはメールでやり取りしたり、時間が合えばお茶したりしてるよ。仕事以外の私を知ってくれている大切な仲間ができたことで、うん。なんだかすごーく幸せな気持ちで満たされていったの。
　卒業後は進学をせず、お仕事一本でやっていくって決めた。モデルのお仕事と並行して、ずっとずっとやりたかった女優のお仕事も、2012年はたくさん挑戦させてもらいました。『スイッチガール!!2』『GTO』、そして、初めてのバラエティー『ピカルの定理』。役によって求められることも全然違うし、撮影がハードなときもあるけれど、それまでやりたくて仕方なかったことをやらせていただいて、今は夢のような毎日♡

初めてのまりや本！　夢みたい♡

　そんななか、'12年の秋くらいだったかな「まりや本を作るよ！」っていううれしいお知らせをいただいたの。今までもファッションブランドのムック本っていう形で、インタビューとか私生活を公開したことはあったけれど、まったくもって“自分ひとり”の本は今回が初めて！　すご――くうれしかった♡　わくわくした♡♡　だって、このお仕事を始めたときから、自分の本を出すことが目標だったし、夢だったから。“よっしゃー！”って思ったよ。
　撮影＆取材が徐々に始まったのは、'12年の年末くらい。うれしさとちょっぴりの緊張で、自分なりにものすごく特別な気持ちで臨んだけれど、最初のほうはふだんのお仕事と同じような気持ちがなぜか抜けきらなかった。行ったことのあるスタジオ。STでいつもお世話になっているスタッフのみなさん。ふだんの撮影と同じように安心できるムードたっぷりだったから、“今まさに、私の夢だった本の撮影をしてるんだ！”ってことを、

うまくイメージしきれなかったっていうか。モデルとして撮影に臨んでいるときはもちろん洋服が主役だから、ちょっとした顔の角度だったり、ポーズだったり、キメキメの姿っていうのかな？　隙《すき》を見せずみんなにかわいいって思ってもらえる私を見せなきゃっていう気持ちがどこかにあるの。女優のお仕事をしているときも、自分のキャラクターを生かしつつ、やっぱりストーリーの中の登場人物になりきるわけだから、本当の私とは違う。そうやっていつもリアルな自分とは違う誰かになりきることに慣れていただけに、スタッフさんに「まりやちゃんのナチュラルな表情を見せて！」って言われると、何が本当の自分の姿なのかわからなくなっちゃって……。

でも、初日の撮影が進んで、カメラマンさんのパソコンにいろんな格好や表情をした自分の写真がたくさん流れていくのを見て、やっと気づいたの。〝あ、この本に載るのは全部私の顔なんだ。私だけなんだ〟って。そう思ったとたん、ガラッと気分が変わるのを感じたよ。さらに今まで感じたことのない緊張感に包まれていったし、気合いも入った。〝もっと素直な自分を出してみたい。もっと私を知ってもらいたい。本当の西内まりやはこんな人だよ！〟って。そうすると自然と、ふだんのファッション撮影での私、演技のお仕事をしている私とはまた違うスイッチがスーッと入って、見たことのない顔をした〝西内まりや〟がいたの。〝写真集だからこうしなきゃ〟〝キレイに撮ってもらわなきゃ〟って考えていない、本当に素の私。モデルのお仕事をしてきてそんな気持ちになるのは、じつは初めてだったから、びっくりした。〝今〟の私って、こんな顔してるんだなーって思うと、なんだかうれしかった。ハワイで撮影した部分は特に、〝なんてきれいな空なんだろう♡　今すごく幸せ！〟っていうハッピーハッピーな気分全開！　今に至るまでのいろんなことを思い出しながら波の音を聴いていたら、大好きなお仕事を今自分なりに一生懸命やらせてもらっていることがありがたすぎて、なぜか涙してしまった瞬間もあった。もう今の私、幸せでいっぱいなの！

このお仕事を初めて6年。乗り越えられるか不安だった壁もあったけれど、だからこそ今がある。どんなときも親身になって一生懸命私を育ててくれた事務所のかた、編集部のみなさん、いつもいちばんの味方でいてくれる家族、そして何より、応援してくれているファンのみんな♡　いつもたくさんの愛情をありがとうございます。まだ19歳だけど、自分なりに一生懸命に生きてきたと思う。そのスタンスは変えずに、これからはもう少し、〝おもしろいことが大好きな素のまりや〟を出していきたい！　それでお世話になったみなさんに恩返ししていきたいな♡

皆さんへ

この本を手にとって下さってありがとうございます

今のまりやを全てみせちゃいましたっ!!

どうだったかな?! 楽しんで欲しくて、

伝えたい想いも多くて…

またこの本を手にとってペラペラ観て

Smile になってもらえたら嬉しいな♡

これからもよろしくねっ

西内まりや

Staff

モデル	西内まりや
撮影	曽根将樹(PEACE MONKEY)[Cover、P 1 ～51、P104～112]
	諸井純二(ROOSTER)[P52～53、P70～77、P80、P82～91、P96～99]
	清水尚子(star players)[P54～63、P66～69]
スタイリスト	近藤久美子
ヘア＆メイク	宮本由梨(roraima)[Cover、P 1 ～51、P104～112]
	信沢Hitoshi[P52～53、P70～77、P80、P89、P91、P96～99]
	今村友美(roraima)[P54～63、P66～69]
	間隆行(roraima)[P82～87、P90]
物撮影	魚地武大
ライター	通山奈津子[P70～91、P104～109]
ハワイ現地コーディネーター	Maya McCullough
デザイン	下込純子(Beeworks)
制作進行	松下延樹
編集長	崎谷治
副編集長	鈴木桂子
編集	青木エミ

エグゼクティブプロデューサー	平哲夫(ライジング・プロ)
プロデューサー	春日隆(ヴィジョン・ファクトリー)
ディレクター	竹村幸男、田代雅裕、小林昭朗(ヴィジョン・ファクトリー)
アーティストマネージャー	河西愛弓美(ヴィジョン・ファクトリー)

デザイン進行管理／瀧菜穂子、安元優子(Beeworks)
撮影アシスタント／白木努(PEACE MONKEY)　加藤翔
スタイリストアシスタント／小笠原弘子
ロケバス／松本慎太郎(Tyrrell!)　コサカコウタ(SMILES)

Special thanks

Seventeen再録分(五十音順)
岡部太郎(SIGNO)　北浦敦子　吉川綾子　佐藤きよた　四方あゆみ(ROOSTER)　清水尚子(star players)　giraffe
高野友也(PEACE MONKEY)　高橋依里　露木聡子　橋本憲和(f-me)　羽田徹(biswa)　藤田修弘　堀内亮(Cabraw)　箕浦真人(biswa)
村山元一　諸井純二(ROOSTER)　薮田修身(FEMME)　山口イサオ

nicola再録分(五十音順)
中野寛仁　藤沢大祐　山川勉(will creative)
(株)新潮社 ニコラ編集部

Seventeenに関わってくださっているすべてのみなさま

西内まりや単行本
まりやまにあ

2013年 3 月28日　第一刷発行
2016年 8 月14日　第七刷発行

著　者：西内まりや
発行人：田中 恵
発行所：株式会社 集英社
〒101-8050　東京都千代田区一ツ橋2-5-10
TEL03・3230・6241(編集部)
TEL03・3230・6393(販売部)〔書店専用〕
TEL03・3230・6080(読者係)

本 文 製 版：株式会社Beeworks
カバー製版：大日本印刷株式会社

印刷：大日本印刷株式会社
製本：ナショナル製本協同組合

Printed in JAPAN　©SHUEISHA 2013
ISBN978-4-08-780671-7　C0076
定価はカバーに表示してあります。

衣装協力(五十音順)

R&E渋谷109店／allamanda／ALBUM／Ank Rouge渋谷109店／イーボル／イマノエル／INGNI／WEGO／SBY渋谷109店／override 明治通り店／お世話や／オンワード樫山(rosebullet)／キメラパーク ルミネエスト新宿店／キャセリーニ(キャセリーニ、キャセリーニ フィフス アベニュー、ル・ベルニ)／クイックシルバー・ジャパン(ROXY)／Grand edge渋谷109店／ココ ディール／CONOMi／コンバース／三愛水着楽園／Secret Magic／Jemica／17℃ by Blondollルミネ新宿店／jouetie／Supreme.La.La. マルイJAM渋谷店／スタイルフェスタ(ボニカ ドット)／ステラハリウッド／SPIRAL GIRL／スピンズ原宿店／DaTuRa渋谷109店／チュチュアンナ／titty&Co.渋谷店／ディーピー(ファミュール)／Delyle NOIR渋谷109店／Neon Soda／ノースコーナー／ノミネ ルミネエスト新宿店／ハニー ミー ハニー／パリスキッズ原宿店／バロックジャパンリミテッド(Avan Lily、miel crishunant)／havaianas／ピンク ラテ／PINZA渋谷109店／ブロンドール(新丸の内ビル店)／MIIA／ナデシコ／MILK／MILKFED.AT HEAVEN27 HARAJUKU／monkey bite渋谷109店／ラビリンス／RANDA／RESEXXY

化粧品協力(五十音順)

アナ スイ コスメティックス／イヴ・サンローラン・ボーテ／エレガンス コスメティックス／カネボウ化粧品／グッドホープ総研／コージー本舗／コーセー／コスメティカ パシフィック リム／資生堂／シュウ ウエムラ／ジルスチュアート　ビューティ／T-Garden／NARS JAPAN／ネイチャーラボ／原宿Style／ヘレナ ルビンスタイン／M・A・C／ミシャ ジャパン／メイベリン ニューヨーク／メディカライズ